照明系统安装与维修

◎主 编 金国砥
◎副主编 汪衍伟

電子工業出版社.

Publishing House of Electronics Industry

北京·BEIJING

内 容 简 介

本书内容主要包括走进学校实训现场、电工基本操作技能、照明配电箱的选用、室内照明线路的装接、室内照明设计与施工、公共照明设计与施工、施工现场安全与防范等七个项目。

本书是根据职业学校培养目标，结合专业特点来编写的，理论联系实际，注重创新和实践能力的培养，是职业学校有针对性地选学内容、实施分段教学的专业教材，可以作为初、中级技术工人岗位培训教材及自学用书。

为了方便教师教学，本书还配有电子教学参考资料包。

图书在版编目（CIP）数据

照明系统安装与维修 / 金国砥主编. —北京：电子工业出版社，2018.12

ISBN 978-7-121-34859-4

Ⅰ．①照… Ⅱ．①金… Ⅲ．①照明—安装—职业教育—教材②照明—维修—职业教育—教材
Ⅳ．①TU113.8

中国版本图书馆 CIP 数据核字（2018）第 184344 号

策划编辑：蒲　玥
责任编辑：蒲　玥
印　　刷：北京七彩京通数码快印有限公司
装　　订：北京七彩京通数码快印有限公司
出版发行：电子工业出版社
　　　　　北京市海淀区万寿路 173 信箱　邮编　100036
开　　本：787×1 092　1/16　印张：13.75　字数：352 千字
版　　次：2018 年 12 月第 1 版
印　　次：2022 年 8 月第 8 次印刷
定　　价：35.00 元

凡所购买电子工业出版社图书有缺损问题，请向购买书店调换。若书店售缺，请与本社发行部联系，联系及邮购电话：（010）88254888，88258888。

质量投诉请发邮件至 zlts@phei.com.cn，盗版侵权举报请发邮件至 dbqq@phei.com.cn。

本书咨询联系方式：（010）88254485，puyue@phei.com.cn。

前　言

自从爱迪生发明电灯以来，人造的光就走进了人们的生活，出现在人们生活中的每个角落。早晨、夕阳、阴晴、雨雪，会带给人们不同的心境；光线的强弱、明暗、色彩也可使人们觉得快乐、积极、沮丧。灯光不仅仅需要满足视觉需要，更重要的是要满足人们的心理需要，即人们不满足于简简单单的普通照明，而要求能在充分利用自然光的基础上，运用现代人工照明的手段，为人们生活、工作、娱乐等场所创造一个优美舒适的环境。

一、课程的性质和任务

"照明系统安装与维修"课程是中等职业学校实用电工（机电）类专业的一门重要技能课程。它不仅有电学中最基本的内容，同时又是对电学基本理论的进一步应用。

"照明系统安装与维修"课程的主要任务是，帮助学生进一步了解电气照明与人们的关系，帮助他们树立良好的职业素养和学习兴趣；通过学习专业知识和技能，学会电工常用工具仪表的使用；掌握照明电器件的正确选用，能进行典型电气控制线路的安装及故障排除，熟悉电工现场施工安全规则以及对施工事故的防范，为适应职业变化、顺利进入工作岗位、取得工人技术等级证书打下扎实的基础。

二、课程主要教学内容

本书包括以下 7 个方面的内容。

（1）走进学校实训现场：主要讲述学校实训教学的管理要求、电气从业人员基本条件，以及学生的学习情况；通过实地观看和聆听，帮助学生提高职业意识和学习兴趣。

（2）电工基本操作技能：主要讲述照明施工图的识读、电工常用工具及材料的选用，以及在实训室的实际操练，帮助学生的掌握电工基本技能。

（3）照明配电箱的选用：主要讲述照明配电箱及箱内电器件及其选用、照明配电箱常见故障与排除；通过在实训室的实际操练，帮助学生掌握配电箱安装等技能。

（4）室内照明线路的装接：主要讲述基本照明电器件的选用、典型照明控制线路的安装，以及对其故障的排除；通过在实训室的实际操练，帮助学生掌握室内照明控制线路的安装技能，以及提高对线路故障分析与解决问题的能力。

（5）室内照明设计与施工：主要讲述室内照明设计的要素与影响照明的因素、室内照明线路施工工序及线路敷设基本方法；通过在实训室的操练，帮助学生掌握室内照明线路设计与施工的操作技能。

（6）公共照明设计与施工：主要讲述室外照明的要求、线路施工基本形式，以及对其所出现故障的处理方法；通过在实训室的模拟操作，帮助学生掌握室外照明线路施工和检修等一些技能。

（7）施工现场安全与防范：主要讲述电工在施工现场的安全与防范知识，通过现场（假设事故情景的现场）的实际演练，帮助学生熟悉安全标志、会安全组织疏散、能正确使用灭火器具消除火灾。

三、课程编写基本特色

本书编写的基本特色主要体现在以下几点。

（1）基础知识。以必需够用为原则，围绕学习任务，将相关知识和技能传授给学生，激活学生的技能（知识）储备，如学校电工实训管理模式、照明电路的三环节、照明特点及其影响因素、照明线路施工要求等。

（2）操作分析。有的放矢地学与做，简析操作技能要点，让学生明确学习目标，引导学生循路探真，如照明与动力电气图的识读、电气控制线路的装接、电气线路故障分析与排除等。

（3）践行探研。教材结构更加清晰，其中增加的"知能拓展"丰富了学生的专业知识；设置的"践行卡"与"自我检测"，完善了课程学习的考评体系，如居室塑料线管敷设中的"议、填和做"、公共照明系统的检修、现场事故救护演练等。

（4）温馨提示。对重要语句进行强调，以引起学生的注意，如"安装扳把开关时，其扳把方向应一致：扳把向上为'合'，即电路接通；扳把向下为'分'，即电路断开。""灭火器是灭火的有效器具，但并不是决定因素，决定因素是人。""我们应该牢记预防为主、防消结合的消防工作方针"等。

本书由金国砥担任主编，汪衍伟担任副主编。其他参与编写或提供过帮助的人员有王建生、翁诚浩、汪增来、金涛等，在此对相关人员表示衷心感谢。

由于编者水平有限，书中难免存在不足或缺陷之处，恳请读者批评指正。

为了方便教师教学，本书还配有电子教学参考资料包，请有此需要的读者登录华信教育资源网（http://www.hxedu.com.cn）下载。

编　者

2018 年 6 月

目 录

目 录

项目一
走进学校实训现场

随着我国经济的持续发展，住宅小区犹如雨后春笋，耸立在祖国的每个角落，提高着人们物质生活的质量。照明系统的广泛应用已成为人们生活与娱乐、学习与工作的重要物质要素。人类离不开电光源，我们日常生活中用的电灯、电视机，以及各种家用电器……哪样都少不了电。很难想象，如果没有电，我们的生活将是怎么样的。《照明系统安装与维修》已成为职业学校教学中不可缺少的一门专业课程。

通过学习，熟悉学校实训环境、了解照明与人类的关系，以及对电气从业人员的要求；通过实地观看和聆听，明确实训（实操）室的管理制度，从而提高学生的职业意识和学习兴趣。

任务一 专业教学的实训环境

当前，我国正处于经济转型和产业升级换代时期，迫切需要数以亿计的工程师、高级技工和高素质职业人才，这就需要一个更具质量和效率的现代职业教育体系予以支撑。2014年2月26日，国务院总理李克强主持召开国务院常务会议上，提出了"崇尚一技之长、不唯学历凭能力"的响亮口号，它是振兴职业教育的信号，是为渴望成才的青年学生提供的一种新启示和方向。

会议强调："大力推动专业设置与产业需求、课程内容与职业标准、教学过程与生产过程'三对接'"。教学过程，要始终贯彻"理论实践"的模式，通过实训将课本知识巩固强化，让学生在亲自动手的过程中更加牢固地掌握技能。因此，走进电气照明实训室去学习，是本专业学生掌握电气照明施工与维护技能不可缺的好地方！如图1-1所示，是某职业学校学生在实训室的一组掠影。

（a）不唯学历凭能力、职校学习好地方

（b）有序进实训现场、认真观看各种设备

（c）拜师学艺虚心求教、规范操作做学并进

（d）有的放矢反复训练、夯实功底提高技能

图 1-1　某职业学校学生在实训室的掠影

（e）学以致用基层再现、家长满意社会欢迎

（f）拒绝平凡追求优秀、精益求精务实求真

图 1-1　某职业学校学生在实训室的掠影（续）

任务二　实训要求与管理模式

1. 对学生实训的要求

电气照明实训（实习）室是个特定的教学场所，在实训室不仅要学生认真学习、勤于思考、乐于动手，还要有一丝不苟的工作作风，强化纪律观念，养成爱护公共财物和爱惜劳动成果的习惯，而且还要提倡团队协作、规范实操、注意安全的意识。为此，要求学生在实训时严格遵守以下规则。

1）实训纪律

（1）不迟到、不早退、不旷课，做到有事请假。

（2）在实训室内保持安静，不大声喧哗、嬉笑和吵闹，不做与实习无关的事。

（3）尊重和服从指导教师（师傅）统一安排和领导，"动脑又动手"，遵守纪律、认真学习。

2）岗位责任

实训（实习）期间，实行"三定二负责"（即定人、定位、定设备，工具负责保管、设备负责保养），做到不擅自调换工位和设备，不随便走动。

3）安全操作

（1）实训（实习）场所保持整齐清洁，一切材料、工具和设备放置稳当、安全、有序。

（2）未经指导教师（师傅）允许，不准擅自使用工具、仪表和设备。

（3）工具、仪表和设备在使用前，做到认真检查，严格按照操作规程。如果发现工具、仪表或设备有问题应立即报告。

4）工具保管

（1）工具、仪表借用必须办理借用手续，做到用后及时归还，不影响其他同学的使用。

（2）对于易耗工具的更换，必须执行以坏换新的制度。

（3）每次实训（实习）结束后，清点仪器工具、擦干净、办好上缴手续。若有损坏或遗失，根据具体情况赔偿并扣分。

5）工场卫生

（1）实训（实习）场地要做到"三光"，即地面光、工作台光、机器设备光，以保证实训场所的整洁、有序。

（2）设备、仪表、工具一定要健全保养，做到经常检查、擦洗，以保证实训（实习）的正常进行。

（3）实训（实习）结束后，要及时清除各种污物，不准随便乱倒。对乱扔乱倒，值日卫生打扫不干净者，学生干部要协助指导教师（师傅）一起帮助和教育，以保证实操者养成良好的卫生行为习惯。

温馨提示 ●●●●●

作为学生要从身边的小事做起，从学校的实训操练做起。有压力才能产生动力，有动力才能培养能力。

2. 学校"7S"管理模式

学校实训场所的 7S（整理、整顿、清扫、清洁、素养、安全、节约）管理内容，（如图1-2所示），可以保证实训基地优雅的实训环境，良好的学习秩序和严明的组织纪律，同时也是提高教学效率，形成高质量的实训作品，减少浪费、节约物料成本和时间成本的基本要求。

图1-2　学校实训场所的"7S"管理内容

温馨提示 ● ● ● ● ●

　　学校"7S"管理模式由企业的管理模式演变而来，它是指在生产现场对人员、机器、材料、方法、信息等生产要素进行有效管理的一种方式。因为整理（Seiri）、整顿（Seiton）、清扫（Seiso）、清洁（Seiketsu）、素养（Shitsuke）是外来词，在罗马文拼写中，第一个字母都为 S，所以人称之为 5S。近年来，随着人们对这一活动认识的不断深入，又添加了"安全（Security）、节约（Save）"等内容。

　　仅有整理没有整顿，物品很难找到；只有整顿没有整理，无法取舍乱糟糟；整理整顿没有清扫，物品使用不可靠；"3S"效果怎么保？清洁不做化泡影；标准作业练素养，安全节约效能好；日积月累勤改善，管理水平步步高。

　　简言之，学校"7S"管理模式能培养学生有序的工作、提升人的品质，养成良好的工作习惯。

任务三　电气从业人员的条件

　　电气工作人员的职责是运用自己的专业知识和技能，在完成本岗位的电气技术工作外，应对自己工作范围内的设备和人身安全负责，杜绝或减少电气事故的发生。因此，对电气从业人员的条件，见表 1-1 所列。电气工作人员的安全职责，见表 1-2 所列。

表 1-1　电气从业人员的条件

序　号	条　件	说　明
第一条	有健康的身体	由医生鉴定无妨碍电气工作的病症。凡有高血压、心脏疾病、气管喘息、神经系统病，以及色盲病、高度近视、听力障碍和肢体残疾者，都不能直接从事电气工作。
第二条	有良好精神素质	精神素质包括为人民服务的思想、忠于职守的职业道德、精益求精的工作作风。体现在工作上就是坚持岗位责任制，工作中头脑清醒、作风严谨、文明、细致，不敷衍草率，对安全的因素时刻保持警惕。
第三条	必须持证上岗	一切电气从业人员必须年满 18 周岁，具有初中以上文化程度，有电工基础理论和电工专业技能，并经过培训，熟悉电气安全工作规章，了解电气火灾扑救方法，掌握触电救护技能，经考核合格，发放特种作业人员操作证，才能上岗。已持证操作的电气人员，必须定期进行安全技术复训和考核，不断提高安全技术水平。
第四条	自觉遵守工作规程	电气从业人员必须严格遵照《电业安全工作规程》。潮湿、高温、多尘、有腐蚀性场所是安全用电和管理的重点，不能麻痹大意，不能冒险作业；必须做到"装得安全、拆得彻底、修得及时、用得正确"。
第五条	熟悉设备和线路	电气从业人员必须熟悉本部门的电气设备和线路情况。对于新调入人员在熟悉本部门的电气设备和线路情况之前，不得单独从事电气工作，应在本部门有经验人员的指导下进行工作。

表 1-2　电气工作人员的安全职责

序　号	安全职责条目
第一条	认真学习、积极宣传，贯彻执行党和国家的劳动保护用电安全法规。
第二条	严格执行上级有关部门和企业内的有关安全用电等规章制度。
第三条	认真做好电气线路和电气设备的监护、检查、保养、维修、安装等工作。
第四条	爱护和正确使用机电设备、工具和个人防护用品。
第五条	在工作中发现有用电不安全情况，除积极采取紧急安全保护措施外，应及时向领导和上级部门汇报。
第六条	努力学习电气安全知识，不断提高电气技术操作水平。
第七条	主动积极做好非电气人员的安全使用电气设备的指导和宣传教育工作。
第八条	在工作中有权拒绝违章和瞎指挥，有权制止任何人员的违章行为。

温馨提示 ● ● ● ●

电气工作人员应严格遵守操作规程和制度。停电检修电气设备或线路要悬挂"有人工作、不准合闸"的警示牌。牢记："安全第一、预防为主"是电气工作的基本方针。

知能拓展

拓展一：电光源的变迁

1. 爱迪生与白炽灯

托马斯·爱迪生是一位伟大的发明家，他一生总共获得 1093 项发明专利，是实行专利制度以来获得个人专利最多的人。他的名言"天才是百分之九十九的勤奋加百分之一的灵感"成为激励人们勤奋努力的座右铭。可以说，爱迪生的贡献极大地改变了人类生活。灯是人类征服黑夜的一大发明，帮助人类从黑夜的限制中解放出来。

早在电光源（电灯）问世以前，人们普遍使用的照明工具是煤油灯或煤气灯。这种灯燃烧煤油或煤气，因此有浓烈的黑烟和刺鼻的臭味，并且要经常添加燃料，擦洗灯罩，使用很不方便。更严重的是，这种灯具很容易引起火灾，酿成大祸。多少年来，科学家们一直在苦思冥想，试图发明一种既安全又方便的电灯。

19 世纪初，英国一位化学家用 2000 节电池和两根炭棒，制成世界上第一盏弧光灯。但这种灯光线太强，只能安装在街道或广场上，普通家庭无法使用。无数科学家为此绞尽脑汁，想制造一种更加价廉物美、经久耐用的家用电灯。

1879 年 10 月 21 日，一位美国发明家通过长期的反复实验，终于点亮了世界上第一盏有实用价值的电灯。从此，这位发明家的名字，就像他发明的电灯一样，走入了千家万户。他，就是被后人赞誉为"发明大王"的托马斯·爱迪生。如图 1-3 所示是发明电灯时的爱迪生。

图 1-3　发明电灯时的爱迪生

1847 年 2 月 11 日，托马斯·爱迪生诞生于美国俄亥俄州的米兰镇。他一生只在学校里念过 3 个月的书，但他勤奋好学，勤于思考，发明创造了电灯、留声机、电影摄影机等 1000 多种成果，为人类社会的发展做出了巨大的贡献。

托马斯·爱迪生 12 岁时，便沉迷于科学实验之中，经过自己孜孜不倦地自学和实验，16 岁那年，便发明了每小时拍发一个信号的自动电报机。后来，又接连发明了自动数票机、第一架实用打字机、二重与四重电报机、自动电话机和留声机等。有了这些发明成果的爱迪生并不满足，1878 年 9 月，爱迪生决定向电力照明这个堡垒发起进攻。他翻阅了大量的有关电力照明的书籍，决心制造出价格便宜，经久耐用，而且安全方便的电灯。

他从白炽灯着手实验。把一小截耐热的东西装在玻璃泡里，当电流把它烧到白热化的程度时，便由热而发光。他首先想到炭，于是就把一小截炭丝装进玻璃泡里，可刚一通电就马上断裂了。

"这是什么原因呢？"爱迪生拿起断成两段的炭丝，再看看玻璃泡，过了许久，才忽然想起，"噢，也许因为这里面有空气，空气中的氧又帮助炭丝燃烧，致使它马上断掉！"于是他用自己手制的抽气机，尽可能地把玻璃泡里的空气抽掉。通电后，果然没有马上熄掉。但 8min 后，"灯"还是被灭了。

由此，爱迪生发现：真空状态对于白炽灯来说非常重要。至于剩下的关键问题，则是耐热材料。

那么应选择什么样的耐热材料好呢？

爱迪生左思右想，熔点最高，耐热性较强要算白金啦！于是，爱迪生和他的助手们，用白金试了好几次，可这种熔点较高的白金，虽然使电灯发光时间延长了好多，但不时要自动熄掉再自动发光，仍然很不理想。

爱迪生并不气馁，继续着自己的实验工作。他先后试用了钡、钛、铟等各种稀有金属，效果都不很理想。

过了一段时间，爱迪生对前边的实验工作做了一个总结，把自己所能想到的各种耐热材料全部写下来，总共有 1600 种之多。

接下来，他与助手们将这 1600 种耐热材料分门别类地开始实验，可试来试去，还是采用白金最为合适。由于改进了抽气方法，使玻璃泡内的真空程度更高，灯的寿命已延长到 2h。但这种由白金为材料做成的灯，价格太昂贵了，谁愿意花这么多钱去买只能用 2h 的电灯呢？

实验工作陷入了低谷，爱迪生非常苦恼，一个寒冷的冬天，爱迪生在炉火旁闲坐，看着炽烈的炭火，他口中不惊地自言自语道："炭，炭……"

可用木炭做的炭条已经试过，该怎么办呢？爱迪生感到浑身燥热，顺手把脖子上的围巾扯下，看到这用棉纱织成的围脖，爱迪生脑海突然萌发了一个念头：

对！棉纱的纤维比木材的好，能不能用这种材料？

他急忙从围巾上扯下一根棉纱，在炉火上烤了好长时间，棉纱变成了焦焦的炭。他小心地把这根炭丝装进玻璃泡里，经实验，效果果然很好。

爱迪生非常高兴，紧接着又制造出很多棉纱做成的炭丝，连续进行了多次实验。灯的寿命一下子延长到 13h，后来又达到 45h。

当这个消息传开后，轰动了整个世界。使英国伦敦的煤气股票价格狂跌，煤气行也出现一片混乱。人们预感到，煤气灯即将成为历史，未来将是电光的时代。

大家纷纷向爱迪生祝贺，可爱迪生却无丝毫高兴的样子，摇头说道："不行，还得找其他材料！"

"怎么，亮了 45h 还不行？"助手吃惊地问道。"不行！我希望它能亮 1000h，最好是16000h！"爱迪生答道。

大家知道，亮 1000h 固然很好，可去找什么材料合适呢？

爱迪生这时心中已有数。他根据棉纱的性质，决定从植物纤维这方面去寻找新的材料。于是，马拉松式的实验又开始了。凡是植物方面的材料，只要能找到，爱迪生都做了实验，甚至连马的鬃，人的头发和胡子都拿来当灯丝实验，最后，爱迪生选择竹这种植物。他在实验之前，先取出一片竹子，用显微镜一看，高兴得跳了起来。于是，把炭化后的竹丝装进玻璃泡，通电后，这种竹丝灯竟然连续不断地亮了 1200h！

图1-4　电光源之父

这下，爱迪生终于松了口气，助手们纷纷向他祝贺，可他又认真地说道："世界各地有很多竹子，其结构不尽相同，我们应认真挑选一下！

助手深为爱迪生精益求精的科学态度所感动，纷纷自告奋勇到各地区考察。经过比较，在日本出产的一种竹子最为合适，便大量从日本进口这种竹子。与此同时，爱迪生开建电厂，架设电线。过了不久，美国人民便用上这种价廉物美，经久耐用的竹丝灯。

竹丝灯用了好多年。直到 1906 年，爱迪生又改用钨丝来做灯丝，使电灯的质量又得到进一步的提高，并一直沿用到今天。如图 1-4 所示是电光源之父——爱迪生晚年照片。

1979 年，美国花费了几百万美元，举行长达一年之久的纪念活动，来纪念爱迪生电灯一百周年。

2. 中国"绿色照明工程"

"绿色照明（Green Light）"即通过科学的照明设计、采用效率高、寿命长和性能稳定的照明产品（电光源、灯用电器附件、配线器材及调光控制电器），最终达到高效、舒适、安全、经济、有益于环境和改善人们身心健康并体现现代化文明的照明系统，实际上是一项推广高效照明器具的照明节能的计划。如图 1-5 所示为"绿色照明工程"标识。

图1-5　"绿色照明工程"标识

1906 年，爱迪生在 19 世纪末发明的白炽灯开始走入千家万户，这个经典灯具统治了中国家庭照明近百年。在 20 世纪 80 年代末，钠灯开始成为马路、广场等公共场所照明的主角；荧光灯一步步取代白炽灯，成为家庭青睐的电光源。2012 年 10 月起,国家已明令停止全国大功率白炽灯的生产。各式节能灯泡、LED 灯泡成了中国老百姓新一代电光源灯泡，如图 1-6 所示。

（a）节能灯泡

（b）LED灯泡（带、条或板）

图 1-6　新一代电光源灯泡

温馨提示 ●●●●

　　百年间几代灯发光的 pk（这次 pk 以"流明"为亮度计算单位，1 流明相当于 1m 的一支蜡烛所显现出的亮度）：1W 白炽灯——14 流明，1W 钠灯——40 流明，1W 节能灯——60～80 流明，1WLED 灯——100～200 流明。

拓展二：琳琅满目的灯具

（1）台灯。台灯如图 1-7 所示。

图 1-7　台灯

（2）壁灯。壁灯，如图 1-8 所示。

图 1-8　壁灯

（3）吸顶灯。吸顶灯，如图 1-9 所示。

图 1-9　吸顶灯

（4）吊灯。吊灯，如图 1-10 所示。

图 1-10　吊灯

（5）射灯。射灯，如图 1-11 所示。

图 1-11　射灯

（6）筒灯。筒灯，如图 1-12 所示。

图 1-12　筒灯

（7）LED 灯。各式 LED 灯具，如图 1-13 所示。

图 1-13　各式 LED 灯具

拓展三：职业院校技能大赛掠影

1. 大赛概况

根据《国务院关于大力发展职业教育》和教职成〔2009〕2 号文件精神：要不断深化

职业教育教学改革，全面提高职业教育质量，高度重视实践和实训环节，强化学生的实践能力和职业技能培养，提高学生的实际动手能力，更好地指导中等职业学校教学工作，保证高素质劳动者和技能型人才培养的规格和质量的要求，由教育部职业教育与成人教育司、工业和信息化部人事教育司、天津市教委承办，中国亚龙科技集团、浙江天煌科技实业有限公司、天津市南洋工业学校协办下，首届（2009 年）全国职业院校技能大赛（中职组）赛项在天津市南洋工业学校举办，如图 1-14 所示。

图 1-14　全国职业院校技能大赛

2．大赛规则

1）选手应完成的工作任务

根据大赛组委会提供的有关资料，参赛的工作组在规定时间内完成下列工作任务。

（1）按照任务书要求采用专用工具完成任务。

（2）根据图纸，完成设计、装接。如图 1-15 所示，是参赛学生在认真地阅读任务书。

图 1-15　学生在阅读任务书

（3）按相关标准完成故障分析与排除。

（4）按电路接线图完成系统电气布线和接线。

（5）通电调试运行。

2）大赛方式与时间

（1）大赛方式。

项目大赛由 1～2 名参赛学生组成一个工作组，由工作组完成大赛规定的工作任务。

（2）比赛时间为：4h。

3．评分标准

1）评分标准及分值

根据在规定的时间选手完成工作任务的情况，结合国家职业技术（技能）标准要求进行评分。大赛项目的满分为 100 分。

（1）正确性　60 分。

（2）工艺性　30 分。

（3）职业与安全意识 10 分。

2）比赛内容

（1）按图完成电气控制系统的接线，并编写相应的程序，实现要求的控制功能。

（2）按要求完成机床电气故障排除等。

3）违规扣分

选手有下列情形，需从参赛成绩中扣分。

（1）在完成工作任务的过程中，因操作不当导致事故，视情节扣 10～20 分，情况严重者取消比赛资格。

（2）因违规操作损坏赛场提供的设备，污染赛场环境等不符合职业规范的行为，视情节扣 5～10 分。

（3）扰乱赛场秩序，干扰裁判员工作，视情节扣 5～10 分，情况严重者取消比赛资格。

对课程认识的交流

践行卡

交流《照明系统安装与维修》课程的认识，并完成表 1-3 所列的评议和学分给定工作。

表 1-3　交流对《照明系统安装与维修》课程的认识

班　级		姓　名		学　号		日　期	
对课程的认识	谈一谈：对《照明系统安装与维修》课程的认识；一名合格的电工应具备哪些条件？电工为什么一定要持上岗证书？						
电气从业人员的条件							
小组交流意见							
评　议	评定人	评议情况			等　级	签　名	
	自己评价						
	同学评议						
	老师评定						

项目摘要

（1）我国正处于经济转型和产业升级换代时期，迫切需要数以亿计的工程师、高级技工和高素质职业人才。2014年2月26日，在国务院常务会议上，提出了"崇尚一技之长、不唯学历凭能力"的响亮口号；并强调："大力推动专业设置与产业需求、课程内容与职业标准、教学过程与生产过程'三对接'"。教学过程，要始终贯彻"理论实践"的模式，通过实训将课本知识巩固强化，让学生在亲自动手的过程中更加牢固地掌握技能。它是振职业教育的信号，是为渴望成才的青年学生提供的一种新启示和方向。

（2）19世纪以前，人们一般用油灯、蜡烛等来照明。在电灯问世以前，人们普遍使用的照明工具是煤油灯或煤气灯。只有在1879年10月21日，"发明大王"的托马斯·爱迪生点燃了世界上第一盏有实用价值的电灯后，人类才能用各色各样的电灯使世界大放光明，把黑夜变为白昼，扩大人类活动的范围，赢得更多时间为社会创造财富。

（3）"7S"能培养学生有序的工作、提升人的品质，养成良好的工作习惯。学校实训场所的"7S"管理，仅有整理没有整顿，物品很难找到；只有整顿没有整理，无法取舍乱糟糟；整理整顿没有清扫，物品使用不可靠；"3S"效果怎么保？清洁不做化泡影；标准作业练素养，安全节约效能好；日积月累勤改善，管理水平步步高。

自我检测

1．填空题

（1）"崇尚一技之长，不唯学历凭能力"是_____年___月___日国务院总理在国务院常务会议上提出的响亮口号。

（2）实训（实习）现场内的材料、工具和设备，一定要做到存放____、____、____。

（3）实训（实习）场地要做到的"三光"是指_____、____、____光。

（4）实训中的"三定二负责"是指：_____、_____、_____和____、____。

（5）学校实训场所的7S管理内容是指：____、____、____、____、____、____、____。

2．判断题

（1）在实训场内工作时，要保持安静，不大声喧哗、嬉笑和吵闹，做与实训无关的事。（　　）

（2）发给个人的实训（实习）工具，可以任意支配和使用。（　　）

（3）爱护工具与设备，做到经常检查、保养、用后即还习惯。（　　）

（4）"安全第一、预防为主"是电气工作的基本方针。（　　）

（5）"7S"能培养学生有序的工作、提升人的品质，养成良好的工作习惯。（　　）

3．问答题

（1）在实训（实习）现场，为什么要建立相应的规则？

（2）电气从业人员应具备哪些必备的条件？

（3）你知道今后电气照明的发展趋势吗？

项目二

电工基本操作技能

当电源通过灯具照耀环境和美化生活时，你想过没有，导线是怎样通过各种连接方式，把电能输送到城镇和乡村的？

作为一名电工常会遇到各种电气操作，如电气图的识读、导线的剖削、连接与绝缘恢复和配线敷设等基本技能。

通过学习（操练），熟悉常用照明电气图的识读，掌握导线绝缘层剖削与连接、导线绝缘层恢复与封端等操作。

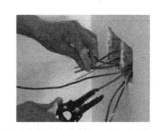

任务一 照明电气图的识读

电路和电气设备的设计、安装、调试与维修都要有相应的电气图作为依据与参考。电气图是根据国家制定的图形符号和文字符号标准，按照规定的画法绘制出来的图纸。它提供电路中各种元器件的功能、位置、连接方式及工作原理等信息，是电气工程技术的语言，凡从事电气操作的人员，必须掌握电气图的基本知识。如图 2-1 所示，是电工在认真地识读电气图。

图 2-1　认真识读电气图

1. 电气图的作用与特点

（1）电气图的作用：说明电气工程的构成和功能，描述电气工程的工作原理，提供安装技术数据和使用维护的依据。

（2）电气图的组成与特点：设计说明、电气系统图、电气平面图、设备布置图、安装接线图、电气原理图详图等。在电气安装（施工）中，常以系统图和平面布置图的形式出现。

照明施工图常有系统图、平面布置图、原理图等几种。系统图是按照线路走向（系统）而绘制的图形，它表达的主要内容有：配电箱、开关、导线的连接方式、设备编号、容量、型号、规格及负载名称。平面布置图是表示照明设备连接关系的安装接线图，它表达的主要内容有：电源进线位置，导线型号、规格、根数及敷设方式，灯具位置、型号及安装方式，各种用电设备（照明配电箱、开关、插座、电风扇等）。原理图是描述电气设备的线路

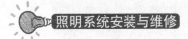

结构和工作原理的图纸。

温馨提示 ● ● ● ● ●

在图纸中，各种装置或设备中的元部件都不按比例绘制它们的外形尺寸，而是用图形符号表示，同时用文字符号、安装代号来说明电气装置和线路的安装位置、相互关系和敷设方法。

2. 电气图形符号的识读

照明施工图是电气照明施工和竣工验收的重要依据，它是用统一的电气图形符号来表示线路和实物的，并用这些图形符号组成一个完整的系统，以表达电气设备的安装位置、配线方式，以及其他一些特征。居室照明图中常用电气图形符号，见表 2-1 所列。

表 2-1 常用电气图形符号

名　　称	图形符号	名　　称	图形符号
球形灯	●	专用电路上的应急照明灯	 ◆
局部照明灯	 ◖	自带电源的应急照明灯	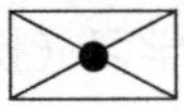 ⊠
矿山灯	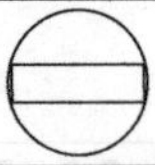 ⊖	开关一般符号	 ⌒
安全灯	 ⊜	单极开关	明装开关 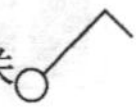
防爆灯	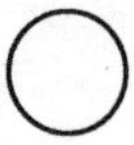 ○		暗装开关 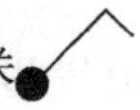
防水防尘灯	 ⊗		防水（密闭）开关 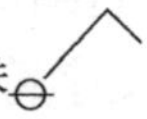
深照型灯	 ⊘		防爆开关 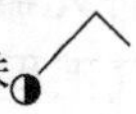
广照型灯	 ⊘	双极开关	明装双极开关 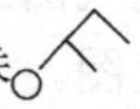
天棚灯、吸顶灯	 ◗		暗装双极开关 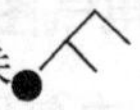
花灯（吊灯）	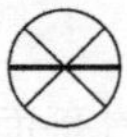 ⊗		防水双极开关 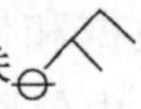
弯灯（马路弯灯）	 ⌇		防爆双极开关 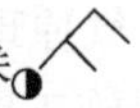
壁灯	 ◓	三极开关	明装三极开关 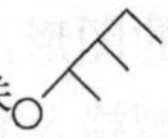
投光灯	 ⊗		暗装三极开关 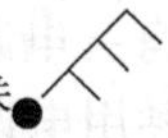

名　称	图形符号	名　称	图形符号
聚光灯	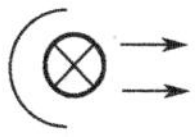	三极开关	防水三极开关 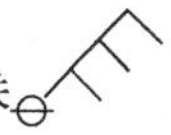
泛光灯			防爆三极开关 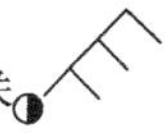
荧光灯（日光灯）	荧光灯一般符号	单极拉线开关	暗装 
	双管灯 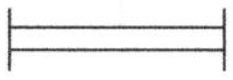		明装 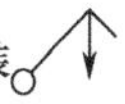
	3 管灯 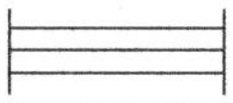	单极双控拉线开关	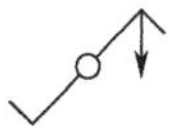
	5 管灯 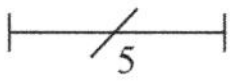	单极限时开关	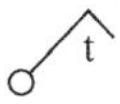 t
防爆荧光灯		双控单极开关	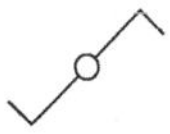
定时器（限时设备）	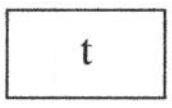 t	具有指示灯的开关	
定时开关	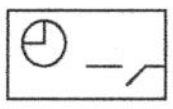	多拉单极开关（如用于不同照度）	
钥匙开关	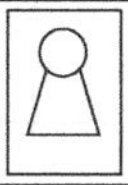	调光器	
按钮盒	普通型  ○ ○ 密闭型 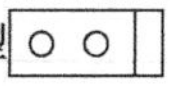 ○ ○ 防爆型  ○ ○	插座箱、插线板	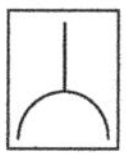
（电源）插座		多个（电源）插座（多功能插座，图中表示 3 个插座）	形式1  形式2 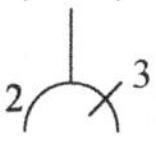　　3
暗装插座			
防水（密闭）插座	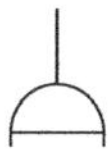		
防爆插座		带滑动防护板的（电源）插座	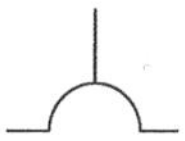
带保护极的（电源）插座	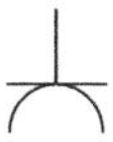	带单极开关的（电源）插座	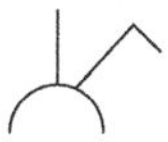

名　称	图形符号	名　称	图形符号
暗装带保护接点的（电源）插座		带联锁的开关（电源）插座	
防水带保护接点的插座		带隔离变压器的（电源）插座	
带接地插孔的三相插座	明装 暗装 防水 防爆	电信插座，一般符号	用下列文字符号区分： **TP** = 电话　**BC** = 广播 **TD** = 数据传输 **TFX** = 用户传真 **TLX** = 用户电报 **TV** = 电视 **T** = 一般指电信
吊扇		抽油烟机排风扇	
热水器		电阻加热装置	
感应加热炉		电话有线分路站	
架空线路		中性线、零线	
保护线		保护线和零线共用	
向上配线；向上布线	如：由1楼向2楼	向下配线；向下布线	
电杆的一般符号		带照明灯的电杆	一般符号 指出投照方向 示出灯具
动力或动力-照明配电箱		信号板、信号箱、信号屏	
照明配电箱（屏）		事故照明配电箱（屏）	

名　　称	图形符号	名　　称	图形符号
落地配电箱		多种电源配电箱（屏）	
直流配电盘（屏）	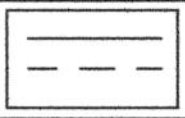 － － －	交流配电盘（屏）	 ～
分线盒	 可加注： $\dfrac{A-B}{C}D$ A 编号；B 容量； C 线序；D 用户线	室内分线盒	 内容同左 $\dfrac{A-B}{C}D$
室外分线盒	 内容同上 $\dfrac{A-B}{C}D$	分线箱	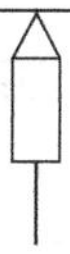 内容同上 $\dfrac{A-B}{C}D$
壁龛分线箱	 内容同上 $\dfrac{A-B}{C}D$	天线	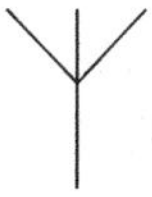
电话	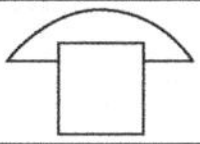	电缆中间接线盒	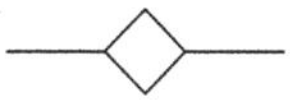
电缆分支接线盒	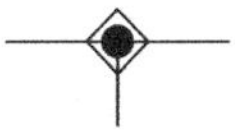	两路分配器	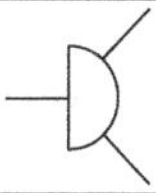
三路分配器	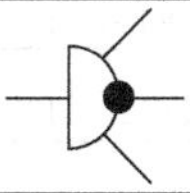	电缆穿管保护	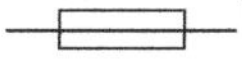 可加注文字符号 表示规格数量
配电室（表示 1 根进线，5 根出线）	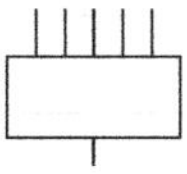	示出配线照明引出位置	一般符号 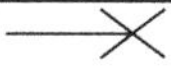　——× 墙上引出 　——×

注：照明线路施工（安装）图中的常用建筑图例符号，见附录 A。

3．照明施工图识读原则

在识读电气照明施工图时，应遵循以下原则要求。

（1）结合施工图的绘制特点识读。施工图的绘制是有规律的。如配电室到电工房、仓库的线路走向的外线平面布置图中，一般分高压配电和低压配电等。因此，首先要了解电工图绘制特点，才能够运用掌握的知识认识、理解图纸的含义。

（2）结合电气元件的结构和工作原理识读。施工图中包括各种电器件，如开关、熔断器等，必须先弄懂这些电器件的基本结构、性能、原理，以及电器件间的相互制约关系、在整个电路中的地位和作用等，才能识读、理解图纸的内容。

（3）结合典型电路识读。典型电路就是构成施工图的基础，熟悉典型电路图对识读、理解其他类型图会带来很大的方便。

温馨提示 ●●●●●

施工图识读时，应注意以下几点。

（1）看标题及栏目：了解工程名称、项目内容、设计日期。

（2）看说明书：了解工程总体概况及设计依据，了解图纸中未能表示清楚的各有关事项。如供电电源的来源、电压等级、线路敷设方式、安装要求、施工注意事项等。

（3）看系统图：了解系统的基本组成、主要电气设备及连接关系；电气的规格、型号、参数等。

（4）看平面布置图：了解电气设备的安装位置、导线敷设部位、敷设方法及其之间的关系等。

4. 照明施工图识读实例

【例一】 如图 2-2 所示，是三室一厅标准层单元的电气系统图。

住宅照明的电源取自供电系统的低压配电电路。进户线穿过进户开关后，先接入配电线（屏），再接到用户的分配电箱（屏）经电能表、刀开关或空气开关，最后接入灯具和其他用电设备上。为了使每盏灯的工作不影响其他灯具（用电器），各条控制电路不应并接在相线与中性线上，在各自控制电路中串接单独控制用的开关。为了保证安全用电，每条线路最多能安装 25 盏灯（每个插座也作为 1 盏灯具计算），并且电流不能超过 15A，否则要减少灯具的盏数。

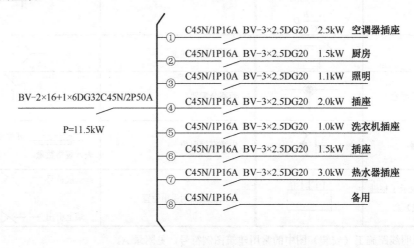

图 2-2　三室一厅标准层单元的电气系统图

从系统图可知：单元配电箱的总线为 2 根 $16mm^2$ 加 1 根 $6mm^2$ 的 BV 型铜芯电线接入电源。设计使用功率为 11.5kW，经空气开关（型号：C45N/2P50A）控制，安装管道直径为 32mm。电器分 8 路控制（其中一路在配电箱内，备用），各由空气开关（型号：C45N/1P16A）控制一路。每条支路有 2.5mm 直径的 BV 铜芯线 3 根，穿线管道直径为 20mm。各支路设计使用功率分别为 2.5kW、1.5kW、1.1kW、2kW、1kW、1.5kW、3kW。

【例二】 如图 2-3 所示，是某照明工程电气系统图。该建筑的电源取自供电系统的低压配电电路。

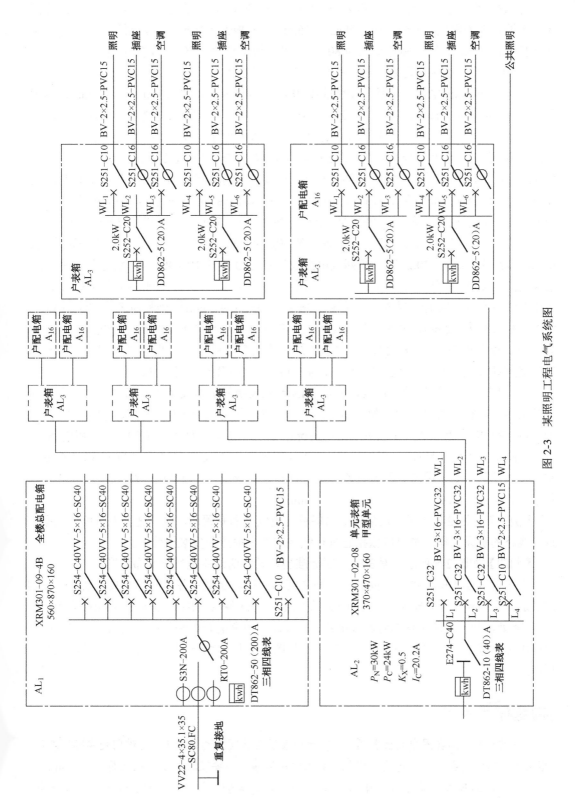

图 2-3　某照明工程电气系统图

① 进户线。进户线标注是 VV22-4×35.1×35-SC80.FC，表示进户线采用 VV$_{22}$ 型聚氯乙烯绝缘铜芯电力电缆，4 根导线，截面为 35mm^2，1 根保护接地线，截面为 35mm^2，穿焊接钢管敷设（SC），钢管标称直径为 80mm，沿地板暗敷设（FC），重复接地。

② 配电箱。虚线内是配电箱，里面主要是控制设备的型号、规格。

AL$_1$ 是全楼总配电箱，其型号 XRM301-09-4B、规格为 560×870×160（单位：mm）。采用型号为 RT0-200A 的有填料封闭管式熔断器做短路保护，三相四线电能表型号为 DT862-50（200）A，额定电流为 50A，最大电流为 200A，总闸开关为 S3N-200A，额定电流为 200A，后面 9 路分闸，其中 8 路分闸的型号为 S254-C40，采用 VV 型聚氯乙烯绝缘铜芯电力电缆，5 根导线，截面为 16mm^2，穿焊接钢管敷设（SC），钢管标称直径为 40mm，控制和保护若干个电器；另一路分闸的型号为 S251-C10，采用 BV 型聚氯乙烯绝缘铜芯塑料导线，2 根导线，截面为 2.5mm^2，塑料阻燃管敷设（PVC），线管标称直径为 15mm，控制和保护若干个电器。

AL$_2$ 表示甲型单元配电箱，其设备容量 P_N=30kW，计算负荷 P_C=24kW，需要系数 K_X=0.5，计算电流 I_C=20.2A；三相四线电能表型号为 DT862-10（40）A，额定电流为 10A，最大电流为 40A，其总闸开关（E274-C40）后面 4 路分闸，其中 3 路分闸的型号为 S251-C32，采用 BV 型聚氯乙烯绝缘铜芯塑料导线，3 根导线，截面为 16mm^2，塑料阻燃管敷设（PVC），线管标称直径为 32mm，分别控制和保护三个单元（每单元 4 户）的若干个电器；另一路分闸的型号为 S251-C10，采用 BV 型聚氯乙烯绝缘铜芯塑料导线，2 根导线，截面为 2.5mm^2，塑料阻燃管敷设（PVC），线管标称直径为 15mm，控制公共照明灯具。

③ 户表箱。户表箱的进户线，就是 AL$_2$ 单元表箱的引出线 BV-3×16-PVC32。每户用电是由各户表箱内所对应的户配电箱提供的，电能表型号为 DD862-5（20）A，额定电流为 5A，最大电流为 20A，显示每户用电情况；空气开关型号为 S252-C20，控制用电状态；每户 3 路电（照明、插座、空调）分别由 2 只型号为 S251-C10 和 4 只型号为 S251-C16 的空气开关控制，均采用 BV 型聚氯乙烯绝缘铜芯塑料导线，2 根导线，截面为 2.5mm^2，塑料阻燃管敷设（PVC），线管标称直径为 15mm。

【例三】如图 2-4 所示，是某住宅二层单元电气平面布置图。电气施工人员可以依据它进行线路的敷设工作，也可以依据它进行线路的巡视检查和安装检修工作。

【例四】如图 2-5 所示，是三室一厅标准层单元照明线路电气平面布置图。

图中有客厅 1 间、卧室 3 间、卫生间 2 间和厨房、储藏室各 1 间等，共计 8 间。在门厅过道有配电箱 1 个，分 8 路（其中⑧路在配电箱内做备用）引出；室内有天棚灯座 10 个、插座 24 处，开关及连接这些灯具（电器）的线路。所有的开关和线路为暗敷设，并在线路上标出①、②、③、④、⑤、⑥、⑦字样，与图 2-2 所示系统图一一对应。此外，还有门厅墙壁座灯一盏。

温馨提示 ●●●●

这些线路（画在图中间位置的线）实际均装设在房间内的天棚上，通过门处实际均在门框上部，所以看图时应考虑这个现象。如果线路沿墙水平安装时，要求距地面至少 2.5m。

室内施工项目：荧光灯（日光灯）、天棚座灯、墙壁座灯、吸顶灯、开关和插座等电器的线路都是采用暗敷设的方式将这些装置连接起来。

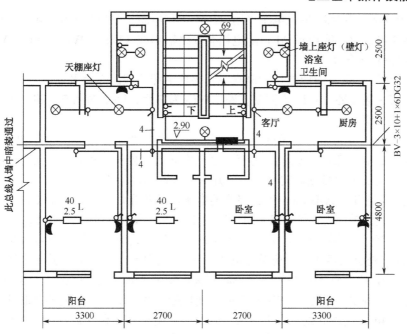

图 2-4　某住宅二层单元电气平面布置图

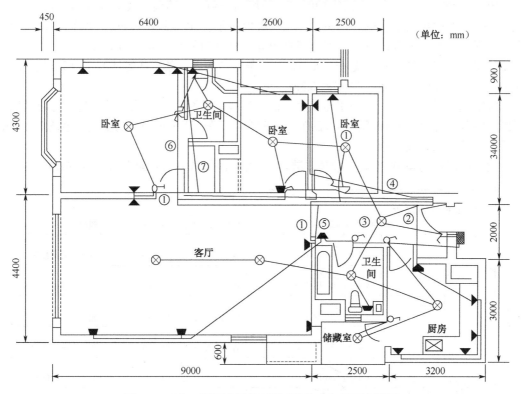

图 2-5　三室一厅标准层单元照明线路电气平面布置图

【例五】如图 2-6 所示，是某住宅标准层的照明施工图（照明系统图和平面布置图）。

① 建筑概况。住宅楼一个单元内的每层共两户，每户三室一厅一厨一卫，面积约 77m^2。共用楼梯、楼道。

② 供电电源。住宅楼供电电源采用 220V 单相电源、TN-C 接地方式的单相三线系统供电。在楼道内设置一配电箱 AL，配电箱有 6 路输出线（WL_1、WL_2、WL_3、WL_4、WL_5、WL_6），每户各有 3 条支路。

③ 照明线路。现以西边住户为例来说明该住宅照明线路布置及安装方式。

该住户有 3 条支路：WL_1 为照明支路，WL_2 为客厅、卧室的插座支路，WL_3 为厨房、卫生间的插座支路。

WL_1 支路引出后的第一接线点是卫生间的水晶底罩吸顶灯（①），然后再从这里分出 3 条分路，即 WL_{1-1}、WL_{1-2}、WL_{1-3}。另有引至卫生间入口处的一根管线，接至单联翘板防水开关上，是控制卫生间吸顶灯的开关，该开关暗装，标高为 1.4m。

WL_{1-1} 分路是引至 A-B 轴卧室 2 照明的电源，从荧光灯处分出两个支路，其中一路是引至卧室 1 荧光灯的电源，另一路是引至阳台 1 平灯口吸顶灯的电源。WL_{1-1} 分路的三个房间入口处，均有一只单联开关，分别控制各灯。单联开关均为暗装，安装高度为 1.4m。

WL_{1-2} 分路是引至客厅、厨房及 C-E 轴卧室 3 及阳台 2 的电源。其中客厅为一环形荧光吸顶灯（③），吸顶灯的控制为一只单联开关，安装于入口处，暗装，安装高度为 1.4m。从吸顶灯处将电源引至 C-D 轴的卧室 3 的荧光灯处，其控制为门口处的单联开关，暗装，安装高度为 1.4m。从该灯处又将电源引至阳台 2 和厨房，阳台 2 灯具同前阳台 1，厨房灯具为一平盘吸顶灯（②），控制开关于入口处，安装同前。

WL_{1-3} 分路是引至卫生间内④轴的二三极扁圆两用插座暗装，安装高度为 1.4 m。

WL_2 支路引出后沿③轴、C 轴、①轴及楼板引至客厅和卧室 3 的二三极两用插座上，实际工程均为埋楼板直线引入，不沿墙直角弯，只有相邻且于同一墙上安装时，才在墙内敷设管路。插座回路均为三线（一条相线、一条保护线、一条工作零线），全部暗装，厨房和阳台的安装高度为 1.6m，卧室为 0.3m。

WL_3 引出两条分路，一是引至卫生间的二三极扁圆两用插座上，另一是经③轴沿墙引至厨房的两只插座，③轴内侧一只，D 轴外侧阳台 2 一只，这 3 只插座的安装高度均为 1.6m，且卫生间是防水开关，全部暗装。

楼梯间照明为 40W 平灯口吸顶安装，声控开关距墙顶 0.3m；配电箱暗装，距地面 1.4m。

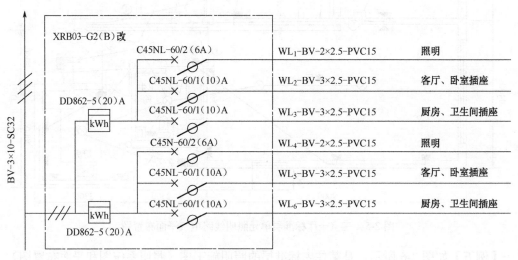

（a）住宅照明系统图

图 2-6 某住宅标准层的照明施工图

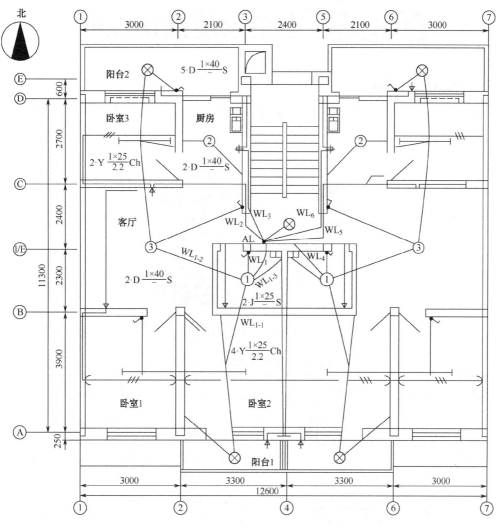

（b）住宅照明平面布置图

图 2-6　某住宅标准层的照明施工图（续）

④ 照明设备。该住宅标准层的照明设备明细表，见表 2-2 所列。

表 2-2　照明设备明细表

线　路	照 明 设 备	数　量	功　率	安 装 方 式	安 装 位 置
WL_1	水晶底罩吸顶灯 $2 \cdot J\frac{1\times25}{-}S$	2	25W	吸顶安装	卫生间
WL_{1-1}	荧光灯 $4 \cdot Y\frac{1\times25}{2.2}Ch$	4	25W	吊高2.2m，链吊安装	卧室1、2
WL_{1-1}	平灯口吸顶灯 $5 \cdot D\frac{1\times40}{-}S$	5	40W	吸顶安装	阳台1、2，楼梯间
WL_{1-2}	环形荧光吸顶灯 $2 \cdot D\frac{1\times40}{-}S$	2	40W	吸顶安装	客厅
WL_{1-2}	平盘吸顶灯 $2 \cdot D\frac{1\times40}{-}S$	2	40W	吸顶安装	厨房
WL_{1-2}	荧光灯 $2 \cdot Y\frac{1\times25}{2.2}Ch$	2	25W	吊高2.2m，链吊安装	卧室3

注：灯具数量是与相邻房号共同标注。

任务二　电工常规操作技能

1. 导线连接的工具

电工工具是电气照明施工作业中的帮手（如图 2-7），正确地选用电工工具是提高工作效率的重要保证。电工常用工具有电工刀、剥线钳、钢丝钳、尖嘴钳、旋具及电烙铁等，见表 2-3 所列。

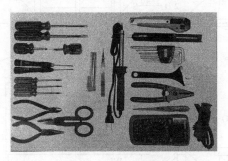

图 2-7　电工的好帮手

表 2-3　电工常用工具及其使用方法

名　称	示　意　图	使　用　说　明
电工刀		电工刀是一种切削电工器材（如剥削导线绝缘层、切削木枕等）的工具。电工刀的结构及握持，如左图所示。 使用时注意：①刀口应朝外进行操作。在剥削电线绝缘层时，刀口要放平一点，以免割伤电线的线芯；②电工刀的刀柄是不绝缘的，因此禁止带电使用；③使用后要及时把刀身折入刀柄内，以免刀刃受损或危及人身、割破皮肤
剥线钳		剥线钳是用来剥除截面积为 $6mm^2$ 以下塑料或橡胶电线端部（又称"线头"）绝缘层的专用工具。它由钳头和钳柄组成。钳头有多个刃口，直径为 0.5～3mm；钳柄上装有塑料绝缘套管，绝缘套管的耐压为 500V，如左图所示。 通常选用带绝缘柄 140mm 和 180mm 剥线钳。 使用时注意：要根据不同的线径来选择剥线钳的不同刃口
钢丝钳		钢丝钳是一种夹持器件（如螺钉、铁钉等物件）或剪切金属导线的工具。钳口用来夹弯或夹住导线；齿口用来旋紧或起松螺母，也可以用来绞紧导线接头和放松接头；切口用来剪切导线或拔起铁钉；铡口用来剪切钢丝、铁丝等较硬的金属丝。钢丝钳的结构及握持，如左图所示。 通常选用 150mm、175mm 或 200mm 带绝缘柄的钢丝钳。 使用时注意：①要保护好钳柄绝缘管，以免碰伤而造成触电事故；②钢丝钳不能作敲打工具

续表

名　称	示　意　图	使　用　说　明
尖嘴钳	绝缘管　钳头　钳柄	尖嘴钳由于钳头较细长，因此能在狭小的工作空间操作，如用于灯座、开关内的线头固定等。尖嘴钳的结构及握持，如左图所示。 常选用带绝缘柄的 130mm、160mm、180mm 或 200mm 规格的尖嘴钳。 使用时注意：①要注意保护好钳柄绝缘管，以免碰伤而造成触电事故；②尖嘴钳不能作敲打工具
旋具	一字口　绝缘层　一字槽型 十字口　绝缘层　十字槽型	旋具是一种用来旋紧或起松螺钉、螺栓的工具 使用小旋具时，一般用拇指和中指夹持旋具柄，食指顶住柄端；使用大旋具时，除拇指、食指和中指用力夹住旋具柄外，手掌还应顶住柄端，用力旋转螺钉，即可旋紧或旋松螺钉。旋具顺时针方向旋转，旋紧螺钉；旋具逆时针方向旋转，起松螺钉。旋具的结构及握持，如左图所示。 使用时注意：①要根据螺钉大小、规格选用相应尺寸的旋具；②不能使用穿心旋具；③旋具不能作凿子用

此外，还有电烙铁等，它是焊接导线与接线耳式、电气件的又一种工具。电烙铁按结构分为内热式和外热式两种，如图 2-8 所示。电烙铁的握法如图 2-9 所示。

电烙铁在使用时应注意：

① 电烙铁使用前应检查使用电压是否与电烙铁标称电压相符；

② 电烙铁通电后不能任意敲击、拆卸及安装其电热部分零件；

③ 电烙铁应保持干燥，不宜在过分潮湿或淋雨环境使用；

④ 拆烙铁头时，要关掉电源；

⑤ 当烙铁头上有黑色氧化层时，可用砂布擦去，然后通电，并立即上锡。

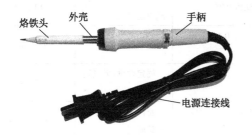

（a）内热式电烙铁　　　　　　（b）外热式电烙铁

图 2-8　电烙铁

（a）握笔法　　　（b）正握法　　　（c）反握法

图 2-9　电烙铁的握法

2. 常用导线的选用

1）常用导线的种类及用途

导线的种类和型号很多。选用时，应根据它的截面、使用环境、电压损耗、机械强度等方面的要求。例如，导线的截面应满足安全电流，在潮湿或有腐蚀性气体的场所，可选用塑料绝缘导线，以便于提高导线绝缘水平和抗腐蚀能力；在比较干燥的场所内，可采用橡皮绝缘导线；对于经常移动的用电设备，宜采用多股软导线等。表 2-4 所列是几种常用导线的名称、型号和主要用途。

表 2-4　常用导线名称、型号及用途

类　　别	型　　号	名　　称	额定电压/kV	主要用途	截面面积/mm²
塑料绝缘导线	BV（BLV）	铜（铝）芯聚氯乙烯绝缘导线	直流 0.5，交流 1 以下	固定明、暗线敷设	0.75～185
	BVV（BLVV）	铜（铝）芯聚氯乙烯绝缘护套导线	直流 0.5，交流 1 以下	固定明、暗线敷设，还可以直接埋设	0.75～10
	BVR	铜芯聚氯乙烯软导线	直流 0.5，交流 1 以下	同 BV 型，安装要求较柔软时用	0.75～50
	BL（BLV）-105	铜（铝）芯耐热聚氯乙烯绝缘导线	直流 0.5，交流 1 以下	同 BV（BLV）型，用于高温场所	0.75～185
塑料绝缘软导线	RV	铜芯聚氯乙烯绝缘软导线	交流 0.25	供各种移动电器接线	0.012～6
	RVB	铜芯聚氯乙烯平型绝缘软导线	交流 0.25	供各种移动电器接线	0.12～2.5
	RVS	铜芯聚氯乙烯绞型绝缘软导线	交流 0.25	供各种移动电器接线	0.12～2.5
塑料绝缘软导线	RVV	铜芯聚氯乙烯绝缘及护套软导线	交流 0.25	供各种移动电器接线	0.012～6 0.12～2.5
	RV-105	铜芯聚氯乙烯耐热绝缘软导线	交流 0.25	用于高温场所移动电器接线	0.12～6
橡胶绝缘导线	BX（BLX）	铜（铝）芯橡胶绝缘导线	直流 0.5，交流 1 以下	固定敷设	2.5～500
	BXF（BLXF）	铜（铝）芯氯丁橡胶绝缘导线	直流 0.5，交流 1 以下	固定敷设，尤其适用室外	2.5～95
	BXR	铜芯橡胶软导线	直流 0.5，交流 1 以下	室内安装，要求较柔软时用	0.75～400

2）导线的安全载流

（1）塑料绝缘导线的安全载流。常用塑料绝缘导线的安全载流，见表 2-5 所列。

表 2-5　常用塑料绝缘导线的安全载流（单位：A）

标准截面积 /mm²	明线敷设		护　套　线				穿　管　敷　线					
			2 芯		3 及 4 芯		2 根		3 根		4 根	
	铜	铝	铜	铝	铜	铝	铜	铝	铜	铝	铜	铝
0.2	3		3		2							

续表

标准截面积 /mm²	明线敷设		护套线				穿管敷线					
			2芯		3及4芯		2根		3根		4根	
	铜	铝	铜	铝	铜	铝	铜	铝	铜	铝	铜	铝
0.3	3		4.5		3							
0.4	7		6		4							
0.5	8		7.5		5							
0.6	10		8.5		6							
0.7	12		10		8							
0.8	15		11.5		10							
1	18		14		11		15		14		13	
1.5	22	17	18	14	12	10	18	13	16	12	15	11
2	26	30	20	16	14	12	20	15	17	13	16	12
2.5	30	23	22	19	19	15	26	20	25	19	23	17
3	32	24	25	21	22	17	29	22	27	20	25	19
4	40	30	33	25	25	20	38	29	33	25	30	23
5	45	34	37	28	28	22	42	31	37	28	34	25
6	50	39	41	31	31	24	44	34	41	31	37	28
8	63	48	51	39	40	30	56	43	49	39	43	34
10	75	55					68	51	56	42	49	37
16	100	75					80	61	72	55	64	49
20	110	85					90	70	80	65	74	56

（2）橡胶绝缘导线的安全载流。常用橡胶绝缘导线的安全载流，见表2-6所列。

表2-6　常用橡胶绝缘导线的安全载流（单位：A）

标准截面积 /mm²	明线敷设		护套线				穿管敷线					
			2芯		3及4芯		2根		3根		4根	
	铜	铝	铜	铝	铜	铝	铜	铝	铜	铝	铜	铝
0.2			3		2							
0.3			4		3							
0.4			5.5		3.5							
0.5			7		4.5							
0.6			8		5.5							
0.7			9		7.5							
0.8			10.5		9							
1	17		12		10		14		13		12	
1.5	20	15	15	12	11	8	16	12	15	11	14	10
2	24	18	17	15	12	10	18	14	16	12	15	11
2.5	28	21	19	16	16	13	24	18	23	17	21	16
3	30	22	21	18	19	14	27	20	25	18	23	17
4	37	28	28	21	21	17	35	26	30	23	27	21
5	41	31	33	24	24	19	39	28	34	26	30	23

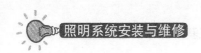

续表

标准截面积 /mm²	明线敷设		护套线				穿管敷线					
			2芯		3及4芯		2根		3根		4根	
	铜	铝	铜	铝	铜	铝	铜	铝	铜	铝	铜	铝
6	46	36	35	26	26	21	40	31	38	29	34	31
8	58	44	44	33	34	26	50	40	45	36	40	31
10	69	51	54	41	41	32	63	47	50	39	45	34
16	92	69					74	56	66	50	59	45
20	100	78					83	65	74	60	68	52

3）导线质量优劣的鉴别

导线（电线）在家庭电器照明装修中占有举足轻重的地位，它担负着输送电流的重要任务，为家用电器提供安全、优质、可靠的供电服务。因此，在选用时应注意它的质量。导线质量优劣的鉴别方法，见表2-7所列。

表2-7　导线质量优劣的鉴别方法

鉴别方法	说　　明
一看	看电线有无厂名、厂址、检验章，是否印有商标、规格、电压；看导线颜色，铜导线应呈淡紫色，铝导线应呈银白色，若铜导线表面发黑或铝导线表面发白则说明金属被氧化；看线芯是否位于绝缘层的正中
二试	取一根电线头用手反复弯曲，手感柔软、抗疲劳强度好、塑料或橡胶手感弹性大且电线绝缘体上无龟裂的才是优等品
三量	测量一下实际购买的电线与标准长度是否一致。国家通常对成圈成盘的电线电缆交货长度标准有明确规定：成圈长度应大于100m。标准规定其长度误差不超过总长度0.5%，若达不到标准规定下限即为不合格
选购时的注意事项	（1）了解导线的安全载流量，即能承受的最大电流量。电流通过会使电线发热，这本来是正常现象，但如果超负载使用，细导线通过大流量，就容易引起火灾。 （2）了解线路允许电压损失。导线通过电流时产生电压损失不应超过正常运行时允许的电压损失，一般不超过用电器具额定电压的5%。 （3）注意导线的机械强度。在正常工作状态下，导线应有足够的机械强度，以防断线

3. 导线连接的技能

导线是将电能输送到各家各户用电设备上的、必不可少的材料。在电气照明安装和维修中，常会遇到对各种导线进行连接与绝缘恢复的工作，它是电工操作的基本技能。

1）导线绝缘层的剖削

（1）塑料硬导线绝缘层的剖削方法。导线绝缘层的剖削是电工操作基本技能之一。一般是利用电工刀、尖嘴钳（钢丝钳）或剥线钳等工具进行剖削。

① 导线端头绝缘层的剖削。通常采用电工刀进行剖削，但截面为4mm²及4mm²以上的导线也可以用钢丝钳、尖嘴钳或剥线钳进行操作。塑料硬导线端头绝缘层的剖削方法，见表2-8所列。

表2-8　塑料硬导线端头绝缘层的剖削方法

步　　骤	示　意　图	说　　明
第一步		电工刀呈45°切入导线绝缘层

续表

步　骤	示　意　图	说　明
第二步		将电工刀改为呈 15° 向导线端推削
第三步		用刀切去余下的导线绝缘层

② 导线中间绝缘层的剖削。只能采用电工刀进行剖削。塑料硬导线其中间绝缘层的剖削方法，见表 2-9 所列。

表 2-9　塑料硬导线中间绝缘层的剖削方法

步　骤	示　意　图	说　明
第一步	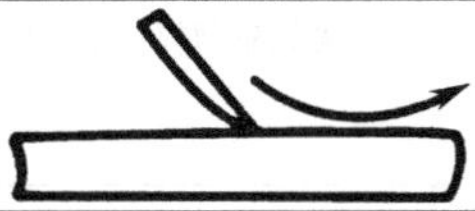	在所需导线线段上，用电工刀呈 45° 切入绝缘层
第二步		用电工刀切去翻折的导线绝缘层
第三步		电工刀刀尖挑开另一侧导线绝缘层，并切断一端
第四步	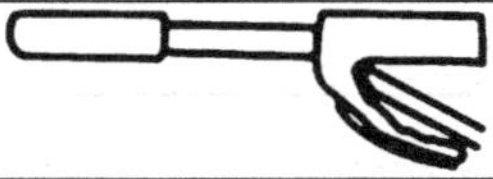	用电工刀切去余下的绝缘层

（2）塑料软导线绝缘层的剖削方法，见表 2-10 所列。

表 2-10　塑料软导线绝缘层的剖削方法

步　骤	示　意　图	说　明
第一步		左手拇指、食指捏紧线头
第二步	 所需长度	按所需长度，用钳头刀口轻切压绝缘层

步　骤	示　意　图	说　明
第三步	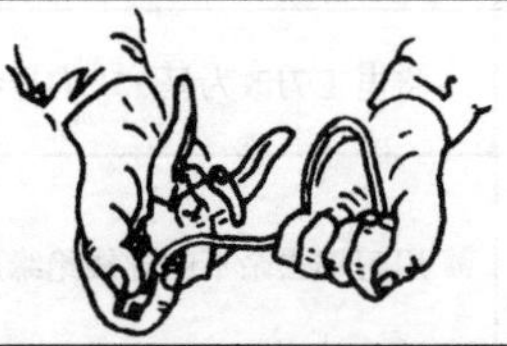	迅速移动钳头,剥离绝缘层

（3）塑料护套线绝缘层的剖削方法,见表 2-11 所列。

表 2-11　塑料护套线绝缘层的剖削方法

步　骤	示　意　图	说　明
第一步	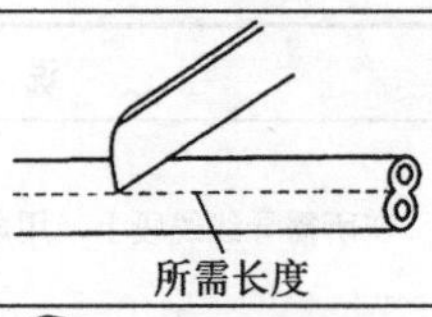 所需长度	用刀尖划破塑料护套线的凹缝塑料层
第二步		剥开已划破的塑料护套层
第三步	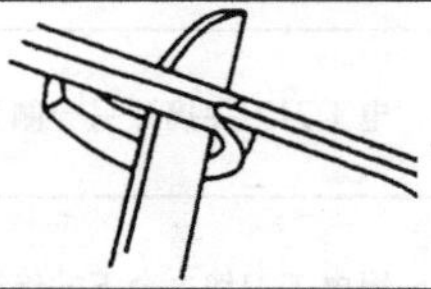	翻开护套层并切断

（4）橡胶电缆线绝缘层的剖削方法,见表 2-12 所列。

表 2-12　橡胶电缆线绝缘层的剖削方法

步　骤	示　意　图	说　明
第一步		用刀切开护套层
第二步	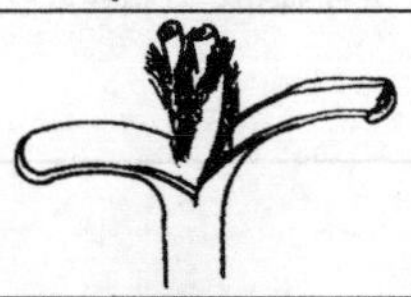	剥开已切开的护套层
第三步	芯线　加强麻线　护套层　护套层	翻开护套层并切断

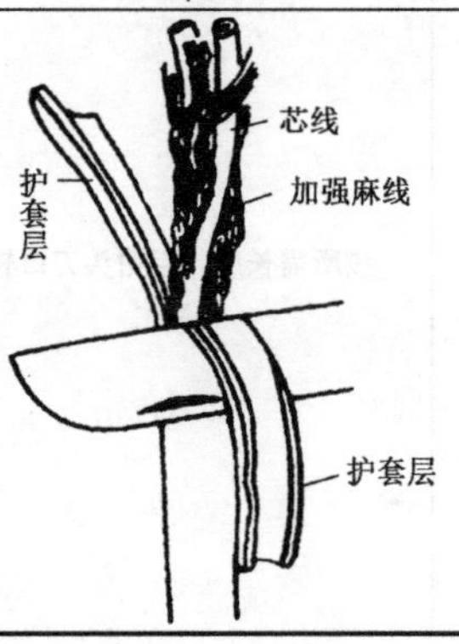

（1）利用电工刀对导线绝缘层进行剖削时，请注意不要伤及导线线芯，更不要伤及人。

（2）剥线钳是内线电工又一种常用的工具，由头部、剥线口、断线口、弯线孔、安全扣、省力弹簧、塑胶手柄等组成（如图 2-10 所示）。适用于塑料、橡胶绝缘电线、电缆芯线的绝缘层剖削。

2）导线连接

在室内布线过程中，常常会遇到线路分支或导线"断"的情况，需要对导线进行连接。通常将线的连接处称为接头。

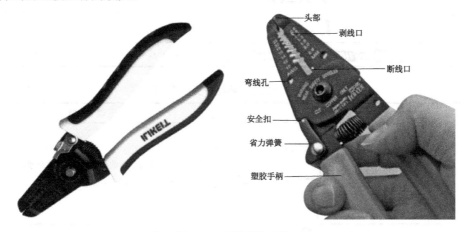

图 2-10　剥线钳及结构

（1）导线连接的要求。对导线连接的基本要求是"连接可靠、强度足够、接头美观、耐腐蚀强"。

① 连接可靠。接头连接牢固、接触良好、电阻小、稳定性好。接头电阻不应大于相同长度导线的电阻值。

② 强度足够。接头机械强度不应小于导线机械强度的 80%。

③ 接头美观。接头整体规范、美观。

④ 耐腐蚀强。对于连接的接头要防止电化腐蚀。对于铜与铝导线的连接，应采用铜铝过渡（如用铜铝接头）。

（2）导线连接的方法。导线线头连接的方法一般分为：单股导线与导线的连接、多股导线与导线的连接、导线与接线桩（端子）的连接和导线利用接线桩（端子）的连接等几种。

① 单股导线与导线的连接。单股导线与导线的连接有直接连接和分支连接两种。单股硬导线直接连接步骤，见表 2-13 所列。单股硬导线分支连接步骤，见表 2-14 所列。

表 2-13　单股硬导线直接连接步骤

步　骤	示　意　图	说　　明
第一步		将两根线头在离芯线根部的 1/3 处呈 "✕" 状交叉

续表

步　骤	示　意　图	说　明
第二步		把两线头如麻花状相互紧绞两圈
第三步		把一根线头扳起与另一根处于下边的线头，保持垂直
第四步		把扳起的线头按顺时针方向在另一根线头上紧绕6~8 圈，圈间不应有缝隙，且应垂直排绕。绕毕切去线芯余端
第五步		另一根线头的加工方法，按上述第3、4步骤操作

表 2-14　单股硬导线分支连接步骤

步　骤	示　意　图	说　明
第一步	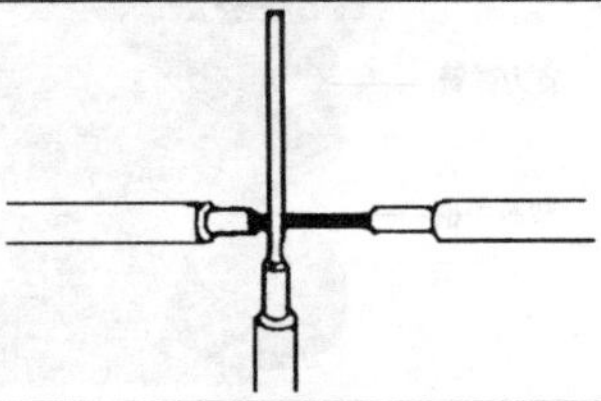	把剖削绝缘层后的导线线芯，垂直搭接在另一根被剖削绝缘层的导线主干线芯上
第二步	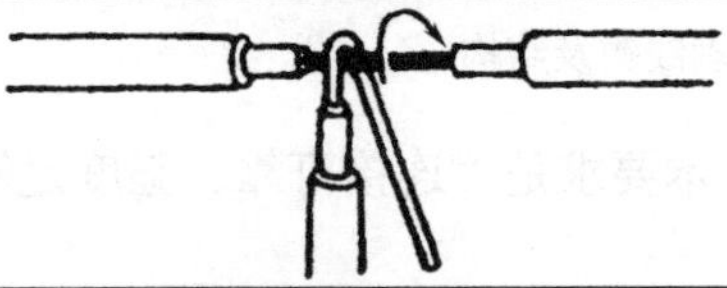	将线芯按顺时针方向在主干线芯上紧绕 6~8 圈，每圈间不应有缝隙
第三步	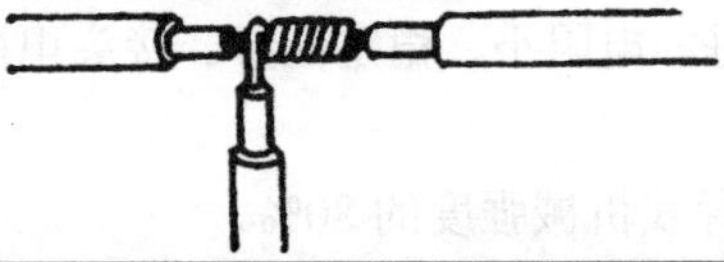	绕毕，切去分支线芯余端

② 多股导线与导线的连接。多股导线与导线的连接有直接连接和分支连接两种。多股导线直接连接的操作步骤，见表 2-15 所列。多股导线分支连接步骤，见表 2-16 所列。

表 2-15　多股导线直接连接的操作步骤

步　骤	示　意　图	说　明
第一步	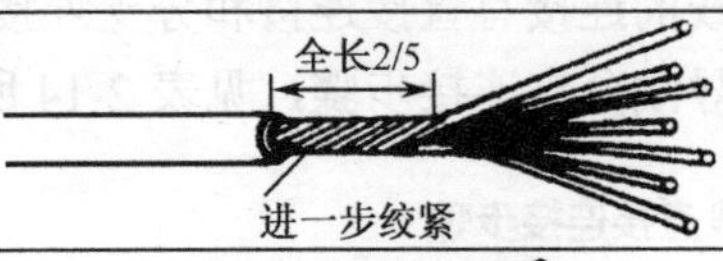 全长2/5 进一步绞紧	将被剖削绝缘层切口约全长 2/5 处的线芯进一步绞紧，接着把余下 3/5 的线芯松散呈伞状
第二步	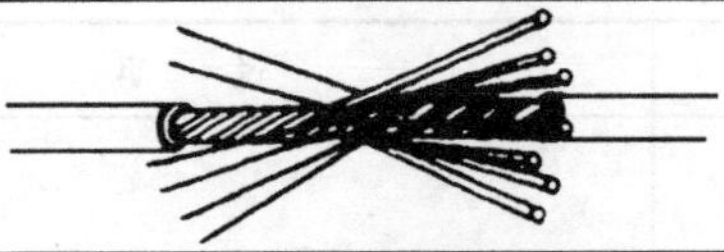	把两伞状导线的线芯隔股对叉，并叉到底
第三步	 叉口处应钳紧	捏平叉入后的两侧所有芯线，并理直每股芯线，使每股芯线的间隔均匀；同时钳紧导线叉口，消除空隙

续表

步　骤	示　意　图	说　明
第四步	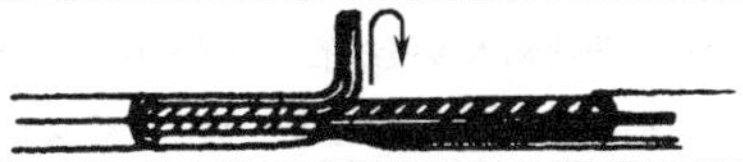	将导线端交叉口中线的 3 根单股芯线折起，成 90°（垂直于下边多股芯线的轴线）
第五步		先按顺时针方向紧绕两圈后，再折回 90°，并平卧在扳起前的轴线位置上
第六步		将紧挨平卧的另两根芯线折成 90°，再按第 5 步方法进行操作
第七步		把余下的三根芯线按第 5 步方法缠绕至第 2 圈后，在根部剪去多余的芯线，并嵌平；接着将余下的芯线缠足三圈，剪去余端，嵌平切口，不留毛刺
第八步		另一侧按步骤第 4～7 步方法进行加工。注意：缠绕的每圈直径均应垂直于下边芯线的轴线，并应使每两圈（或三圈）间紧缠紧挨

表 2-16　多股导线分支连接步骤

步　骤	示　意　图	说　明
第一步	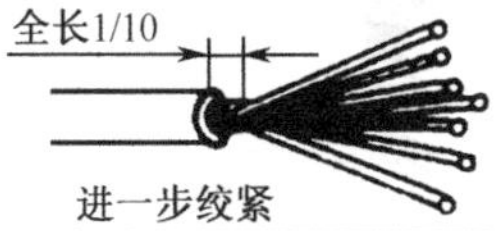 全长1/10 进一步绞紧	剖削导线支头的绝缘层后，把支线线头离绝缘层切口根部约 1/10 的一段芯线做进一步的绞紧，并把余下 9/10 的线芯松散呈伞状
第二步		剖削导线干线的中间芯线绝缘层后，把干线芯线中间用螺丝刀插入芯线股间，并将分成均匀两组中的一组芯线插入干线芯线的缝隙中，同时移正位置
第三步		先用钳子嵌紧干线插入口处，接着将一组芯线在干线芯线上按顺时针方向垂直地紧紧排绕（如左图所示），剪去多余的芯线端头，不留毛刺
第四步		另一组芯线按第 3 步方法紧紧排绕，同样剪去多余的芯线端头，不留毛刺。注意：每组芯线绕至离绝缘层切口处 5mm 左右时，则可剪去多余的芯线端头

温馨提示 ●●●●

每组芯线绕至绝缘层切口处 5mm 左右时，可剪去多余的芯线端头。

（3）单股与多股导线缠绕式连接。单股与多股导线缠绕式连接方法，见表 2-17 所列。

表 2-17　单股与多股导线缠绕式连接方法

步　骤	示　意　图	说　明
第一步	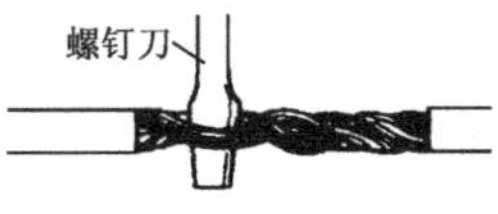 螺钉刀	在离多股线的左端绝缘层切口 3～5mm 处的芯线上，用螺丝刀把多股芯线均匀地分成两组（如 7 股线的芯线分成一组为 3 股，另一组为 4 股）

续表

步　骤	示　意　图	说　　　明
第二步		把单股线插入多股线的两组芯线中间，但是单股线芯线不可插到底，应使绝缘层切口离多股芯线 3mm 左右。接着用钢丝钳把多股线的插缝钳平钳紧
第三步	各为5mm左右　　5mm	把单股芯线按顺时针方向紧缠在多股芯线上，应绕足 10 圈，然后剪去余端。若绕足 10 圈后另一端多股线芯线裸露超出 5mm，且单股芯线尚有余端时，则可继续缠绕，直至多股芯线裸露约 5mm 为止

（4）导线利用接线桩（端子）的连接。导线与接线桩（端子）的连接有螺钉式连接、针式连接及压板式连接和接线耳式连接等。

① 螺钉式连接。通常利用圆头螺钉进行压接，其间有加垫片与不加垫片两种。在灯头、灯开关和插座等电器上，一般都不加垫片，其操作步骤如下。

第 1 步：制作羊眼圈。羊眼圈示意图，如图 2-11 所示。

第 2 步：压接导线。利用螺钉垫片的压接，如图 2-12 所示。

顺时针方向

3mm

（第 1 步）　　　（第 2 步）

图 2-11　羊眼圈示意图　　　　图 2-12　利用螺钉垫片的压接

② 针式连接。通常利用黄铜制成矩形接线桩，端面有导线承接孔，顶面装有压紧导线的螺钉，其操作步骤如下。

第 1 步：用剥线钳、尖嘴钳或钢丝钳将导线端头的绝缘层剖削掉，并把线端头的芯线（线头）拧紧，如图 2-13（a）所示。

第 2 步：当导线端头芯线插入承接孔后，再用旋具将螺钉拧紧，就实现了两者之间的电气连接，如图 2-13（b）所示。

此外，还有其他一些形式的接线桩（端子）连接，如压板式连接和接线耳式连接等，如图 2-14 所示。

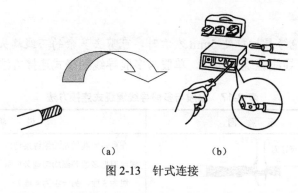

（a）　　　　　（b）

图 2-13　针式连接

4. 绝缘层恢复技能

1）绝缘胶带的选用

在铜线或铝线的外面有时还包着一层橡胶皮或塑料皮，这样人摸上去就不会触电。为什么摸有的物质不容易触电呢？原因是这些物质内部的结构决定了它们的性质。在这些物质中，原子核对电子的束缚力很强，在一般条件下，不能产生大量的自由电子，因此不容易导电，例如，绝缘带、橡胶、塑料、电木等。

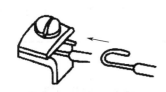

（a）压板式连接

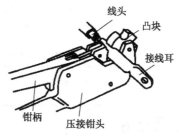

导线线头与接线头的压接方法

（b）接线耳式连接

图 2-14　其他形式的连接

通常将电阻率大于 $10^7\Omega\cdot m$ 的物质所构成的材料称为绝缘材料。绝缘材料的主要作用是将带电体与不带电体或不同点位的导体隔离开来，以保证电流不外漏，确保人身安全。在导线绝缘层恢复与封端中，常用的绝缘带有黑胶带（布）、黄蜡带或涤纶薄膜带，如图 2-15 所示。

图 2-15　各种绝缘带

2）导线绝缘层的恢复

导线绝缘层被破坏或连接后，必须恢复其绝缘层的绝缘性能。在实际操作中，导线绝缘层的恢复方法通常为包缠法。包缠法又可分：导线直接点绝缘层的绝缘性能恢复、导线分支接点绝缘层的绝缘性能恢复和导线并接点绝缘层的绝缘性能恢复等。

（1）导线直接点的绝缘层恢复。导线直接点绝缘层恢复的操作步骤，见表 2-18 所列。

表 2-18　导线直接点绝缘层恢复的操作步骤

步　骤	示　意　图	说　明
第一步	30～40mm　约45°　绝缘带（黄蜡带或涤纶薄膜带）	用黄蜡绝缘带或涤纶薄膜绝缘带从导线左侧完好的绝缘层开始顺时针包缠

续表

步 骤	示 意 图	说 明
第二步	1/2带宽 绝缘带相叠压紧	进行包扎时,绝缘带与导线应保持45°的倾斜角并用力拉紧,使得绝缘带半幅相叠压紧
第三步	黑胶带应包出绝缘带 黑胶带接法	包至另一端也必须包入与开始端同样长度的绝缘层,然后接上黑胶带(黑胶布),并把黑胶带包出绝缘带半根的带宽(即黑胶带完全包没绝缘带)
第四步	两端捏住作反向扭旋	黑胶带的包缠不得过疏,包到另一端也必须完全包没绝缘带,收尾后应用双手的拇指和食指紧捏黑胶带两端口,进行一正一反方向拧紧,利用黑胶带的黏性,将两端口充分密封起来

温馨提示 ●●●●

　　直接接点常出现在因导线不够,需要连接的位置。由于该处有可能承受一定的拉力,所以导线直接点的机械拉力不得小于原导线机械拉力的80%,绝缘层的恢复也必须可靠,否则容易发生断路和触电等电气事故。

　　(2)导线分支接点的绝缘层恢复。导线分支接点绝缘层恢复的操作步骤,见表2-19所列。

表2-19　导线分支接点绝缘层恢复的操作步骤

步 骤	示 意 图	说 明
第一步		用黄蜡绝缘带或涤纶薄膜绝缘带从导线左端完好绝缘层开始顺时针包缠
第二步		包到分支线时,应用左手拇指顶住左侧直角处包上的带面,使它紧贴分支转角尽量向右侧斜压紧
第三步		绕至右侧转角处时,用左手食指顶住右侧直角处带面,并使带面在干线顶部向左侧斜压,与被压在下边的带面呈"╳"状交叉。然后再回绕到左侧转角
第四步		把黄蜡绝缘带或涤纶薄膜绝缘带沿连接处根端开始缠包,包到完好的绝缘层(约两根带宽)后,再折回缠包,把绝缘带向干线左侧斜压
第五步		当绝缘带围过干线顶部后,紧贴干线右侧的支线连接处开始在干线右侧芯线上进行包缠
第六步		绝缘带缠包到干线另一端的完好绝缘层上后,接上黑胶带后,再按第2～5步方法继续包缠黑胶带

温馨提示 ●●●●

　　分支接点连接要求:分支接点牢固、绝缘层恢复可靠,否则容易发生断路和触电等电气事故。

　　(3)导线并接点的绝缘层恢复。导线并接点绝缘层恢复的操作步骤,见表2-20所列。

表2-20　导线并接点绝缘层恢复的操作步骤

步　骤	示　意　图	说　明
第一步		用黄蜡绝缘带或涤纶薄膜带从左侧完好的绝缘层上开始顺时针包缠
第二步		由于并接点较短，黄蜡绝缘带叠压宽度可紧些，间隔可小于1/2带宽
第三步		包缠到导线端口后，应使带面超出导线端口1/2～3/4带宽，然后折回伸出部分的带宽
第四步		把折回的带面按平压紧，接着缠包第二层绝缘层，包至下层起包处为止
第五步		接上黑胶带，并使黑胶带超出黄蜡绝缘带层（至少半根带宽），并完全压住黄蜡绝缘带
第六步		按第2步方法把黑胶带包缠到导线端口
第七步		按第3、4步方法把黑胶带缠绕在导线端口的黄蜡绝缘带层上，要完全压住黄蜡绝缘带；然后折回缠绕第二层黑胶带
第八步		用右手拇指、食指紧捏黑胶带使端口密封

温馨提示 ●●●●●

　　并接点常出现在木台、接线盒内。由于木台、接线盒的空间小，导线和附件多，往往彼此挤在一起，容易贴在墙面上，所以导线并接点的绝缘层必须恢复得可靠，否则容易发生漏电或短路等电气事故。

3）导线的封端

所谓导线的"封端"，是指导线与导线两线端（线接头）的连接，如图2-16所示。

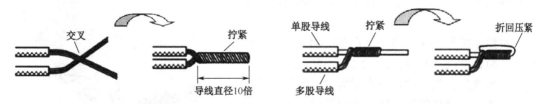

（a）多股导线与多股导线的"封端"　　　　　（b）单股导线与多股导线的"封端"

图2-16　小于10mm^{2}的铜芯导线的"封端"

若将大于10mm^{2}的单股铜芯线和铜芯线、大于2.5mm^{2}的多股铜芯线和单股铝芯线进行"封端"，其"封端"是不完全相同的，见表2-21所列。

表2-21　导线的"封端"

导线材质	选用方法	"封端"工艺
铜	锡焊法	(1) 除去线头表面、接线端子孔内的污物和氧化物 (2) 分别在焊接面上涂上无酸焊剂，线头搪上锡 (3) 将适量焊锡放入接线端子孔内，并用喷灯对其加热至熔化 (4) 将搪锡线头接入端子孔内，将熔化的焊锡灌满线头与接线端子孔内壁所有间隙 (5) 停止加热，使焊锡冷却，线头与接线端子牢固连接
铜	压接法	(1) 除去线头表面、压接管内的污物和氧化物 (2) 将两根线头相对插入，并穿出压接管（两线段各自伸出压接管25～30mm） (3) 用压接钳进行压接
铝	压接法	(1) 除去线头表面、接线孔内的污物和氧化物 (2) 分别在线头、接线孔两接触面涂以中性凡士林 (3) 将线头插入接线孔，用压接钳进行压接

温馨提示 ●●●●●

导线绝缘恢复的基本要求是：绝缘带包缠均匀、紧密，不露铜芯。

任务三　线管、线槽的选用

电气照明线路安装中常用的塑料配件有：PVC塑料线管、塑料线卡、塑料线槽及附件等，它们能够起到固定导线，避免导线受外来因素的损伤，保证电能传送安全可靠，布置合理便捷，整齐美观的作用。

1. 塑料管的选用

1）塑料管的种类

塑料管在非金属管路中应用广泛，其种类很多，主要有硬质聚氯乙烯管、刚性阻燃塑料管等。

硬质塑料管，耐腐蚀性较好，易变形老化，机械强度次于钢管，适用于腐蚀性较大的场所的明暗配管。

刚性阻燃塑料管通常为乳白色，用PVC塑料制作，简称PVC塑料管（图2-17），是电工家装穿线中应用最广泛的一种。具有耐腐蚀、耐压、抗冲击、阻燃、绝缘性能好、施工方便等优点。塑料线管（PVC塑料管）的选用，见表2-22所列。

图2-17　PVC家装线管

表 2-22　塑料线管（PVC 塑料管）的选用

公称直径/mm	外直径及偏差/mm	轻型管壁厚度及偏差/mm	重型管壁厚度及偏差
15	20±0.7	2.0±0.3	2.5±0.4
20	25±1.0	2.0±0.3	3.0±0.4
25	32±1.0	3.0±0.45	4.0±0.6
32	40±1.2	3.5±0.5	5.0±0.7
40	51±1.7	4.0±0.6	6.0±0.9
50	65±2.0	4.5±0.7	7.0±1.0
65	76±2.3	5.0±0.7	8.0±1.2
80	90±3.0	6.0±1.0	

温馨提示 ●●●●●

　　一般在室内配用电主线路中，常用的塑料线管（PVC 塑料管）直径有 15、20、25、32 等。其中直径为 15、20mm 的一般用于室内照明线路，直径为 25mm 的常用于插座或是室内主线管，直径为 32mm 的常用于进户线的线管。

　　2）塑料管的附件

　　塑料管的附件是塑料管安装中不可缺少的器材，如开关盒、接线盒、插座盒、管箍及接管配件等，其形式如图 2-18 所示。

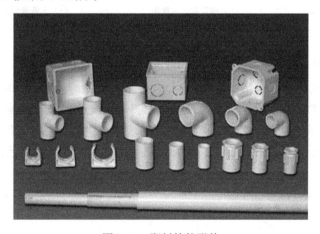

图 2-18　塑料管的附件

　　3）塑料管的加工

　　在现场敷设塑料管线中，因所需线管的长度、弯曲要求不同，必须进行锯割、弯曲和连接加工。

　　（1）塑料管线管的切割。PVC 塑料线管的切割可用钢锯或割管钳。

　　用钢锯切割时，左手自然地轻轻把扶钢锯弓架前端，右手握稳锯弓的手柄。锯割时，左手压力不宜过大，右手向前推进施力，进行锯割，左手协助右手扶正弓架，锯割在一个平面内，保持锯缝平直，直至锯下 PVC 管。钢锯的握持，如图 2-19（a）所示。

　　用割管钳切割时，左手轻扶 PVC 管，并将管子放入切管钳刀口凹槽内；右手握稳割管钳手柄；剪切 PVC 管时右手用力夹压，直至剪下 PVC 管。割管钳的握持，如图 2-19（b）所示。

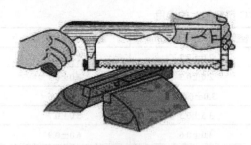

（a）钢锯的握持 （b）割管钳的握持

图 2-19 塑料管线管的锯割或剪切

（2）塑料管线管的弯曲。对于 D3 以下管线管的弯曲不需要加热，可以直接"冷弯"，为了防止弯瘪，弯管时必须在线管内插上相应的弯管弹簧（如图 2-20 所示），在常温下即可弯曲至所需要的角度。

 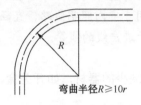 

弯曲半径 $R \geqslant 10r$

（a）弯管弹簧 （b）线管弯曲示意图 （c）无弯管弹簧的后果

图 2-20 塑料管线管的弯曲

温馨提示 ●●●●●

　　PVC 塑料管线管的弯曲半径不宜过小。在管中部弯曲时，将弯管弹簧两端拴上铁丝，以便于拉动。不同内径的 PVC 塑料管线管应配用不同规格的弯管弹簧。

（3）塑料管线管的连接。PVC 塑料管线管的连接有"冷接"和"热接"两种方法。

①　"冷接方法"，即利用黏合剂，对管子进行冷涂胶粘的一种工艺，见表 2-23 所列。

表 2-23　对塑料管线管进行冷涂胶粘的步骤

步　　骤	示　意　图	说　　明
第一步		对线管刷胶：用蘸有丁腈橡胶的毛刷在线管外层刷上一层胶
第二步		对管附件上胶：用蘸有丁腈橡胶的毛刷对管道连接附件口内端上胶
第三步	拧紧	管子与管件对接：将刷有丁腈橡胶的管子与管连接附件进行粘接

温馨提示 ●●●●

　　塑料管线管连接（胶粘）时应注意事项：①管线胶粘场所应通风，严禁明火。②操作人员应站在上风处，且要佩戴防护手套、防护眼镜和口罩。③胶粘剂和清洁剂的瓶盖应随用随盖。

　　②　"热接方法"，即用熔接器对塑料管子进行快速热熔连接，它是利用热熔器内的发热元件对塑料管进行加热，使塑料管热熔自动粘合的一种工艺。由于"热接方法"粘接牢固、工作效率高，目前越来越被装修公司所采用。一种电子恒温热熔器，如图 2-21 所示。

图 2-21　电子恒温热熔器

温馨提示 ●●●●

　　热熔器是一种用于热塑性塑料管材、模具加热熔化后进行连接的专业熔接工具。热熔器在管道和配件等连接的过程中，起到了至关重要的作用。热熔器的使用及注意事项如下。

　　① 先固定熔接器再安装加热端头，将熔接器置于架上，根据所需管材规格安装对应的加热模头，并用内六角扳扳紧，一般小头在前端大头在后端。

　　② 接通电源后热熔器有红、绿指示灯，红灯代表加温，绿灯代表恒温，第一次达绿灯时不可使用，必须第二次达绿灯时方可使用，热熔时温度在 260℃～280℃。低于或高于该温度，都会造成连接处不能完全熔合，留下渗水隐患。

　　③ 施工前应检查每根管材的两端是否有损伤，因为在运输的过程中可能对管材造成损伤，如有损伤或不确定，在安装管材时，端口应裁剪 4～5cm，并不可用锤子或重物敲击水管，以防止管道爆裂。这项检查可相对提高管材的使用寿命。

　　④ 切割管材必须使端面垂直于管轴线，管材切割应使用专用管子剪。

　　⑤ 加热时，无旋转地把管端插入加热模头套内，插入到所标识的深度，同时，无旋转地把管件推到加热模头上，达到规定标志处。

　　⑥ 达到加热时间后，立即把管材、管件从加热模具上同时取下，迅速无旋转地直线均匀插入到已热熔的深度，使接头处形成均匀凸缘，并要控制插进去后的反弹。

　　⑦ 在规定的加工时间内，刚熔接好的接头还可校正，可少量旋转，但过了加工时间，严禁强行校正。注意：接好的管材和管件不可有倾斜现象，要做到基本横平竖直，避免在安装龙头时角度不对，不能正常安装。

　　⑧ 在规定的冷却时间内，严禁让刚加工好的接头处承受外力。

2．塑料线槽的选用

1）塑料线槽的种类

图 2-22　PVC 塑料线槽

PVC 塑料线槽。PVC 塑料线槽又称 PVC 阻燃线槽，呈白色，它由难燃的聚氯乙烯塑料经阻燃处理制成，是一种新型布线材料，如图 2-22 所示。线槽的底板和盖板通过钩状槽相互结合，导线在底板槽内，然后扣上盖板。若要取下盖板，只要用手轻轻一拍即可，装拆非常方便。塑料线槽布线适合住宅、办公室等干燥和不易受机械损伤的场所。PVC 塑料线槽的选用，见表 2-24 所列。

表 2-24　PVC 塑料线槽的选用

编　号	规格/mm²	尺寸/mm		
		宽	高	壁厚
GA15	15×10	15	10	1.0
GA24	24×14	24	14	1.2
GA39/01	39×18	39	18	1.4
GA39/02	39×18（双坑）	39	18	1.4
GA39/03	39×18（三坑）	39	18	1.4
GA60/01	60×22	60	22	1.6
GA60/02	60×40	60	40	1.6
GA80	80×40	80	40	1.8
GA100/01	100×27	100	27	2.0
GA100/02	100×40	100	40	2.0

2）塑料线槽的附件

线槽附件是线槽安装过程中不可缺少的辅助件，其形式如图 2-23 所示。塑料接线盒及盖板型号规格，见表 2-25 所列。

表 2-25　塑料接线盒及盖板型号规格

型　号		规格尺寸/mm				编　号
		长	宽	高	安装孔距	
接线盒	SM51	86	86	40	60.3	HS1151
	SM52	116	86	40	90	HS1152
	SM53	146	86	40	121	HS1153
盖板	SM61	86	86		60.3	HS1161
	SM62	116	86		90	HS1162
	SM63	146	86		121	HS1163

3）塑料线槽的加工

在现场加工塑料线槽时，应按照走线的不同要求（路径长度、弯曲），先用钢锯进行锯割，再进行拼接，如图 2-24 所示。

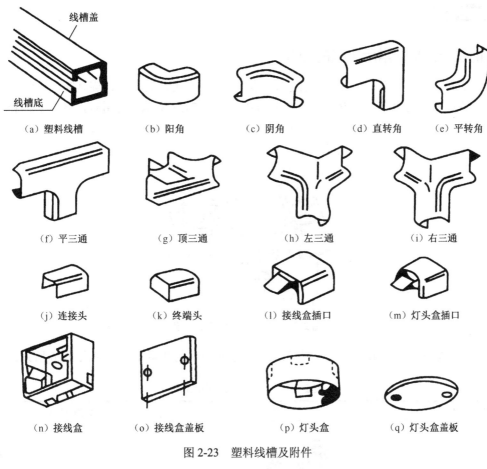

图 2-23　塑料线槽及附件

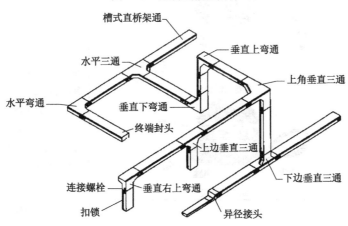

图 2-24　塑料线槽的拼接示意图

温馨提示 ●●●●

　　PVC 塑料线槽的锯割一般分垂直（90°）和 45°锯割两种，它方便线槽拼接为"一"或"T"字，以保证线槽"横平竖直"的敷设要求。

拓展一：其他常用工具的简介

电工常用工具如前面所说的电工刀、剥线钳、钢丝钳、尖嘴钳、旋具等，这些工具一般放在随身携带的电工工具套和电工工具包中，如图2-25所示。使用时，电工工具套可用皮带系结在腰间，置于右臀部，将常用工具插入工具套中，便于随手取用。电工包横跨在左侧，内有零星电工器材和辅助工具，以便外出使用。

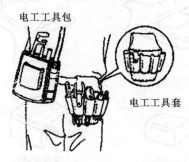

图 2-25　电工工具包和工具套

（1）测量工具及其使用简介。电工在施工中所使用的测量工具，见表2-26所列。

表 2-26　电工常用的测量工具

名　称	示　意　图	使　用　说　明
钢卷尺	自卷式钢卷尺 贴标 尺壳 尺条 提带 尺钩 制动式卷尺	钢卷尺又称盒尺。它是测量长度用的量具。按其尺带盒结构的不同，可分为自卷式卷尺、制动式卷尺、摇卷盒式卷尺和摇卷架式卷尺等。常用规格有1m、2m、3m、5m、10m等。其中常用的两种，如左图所示。 　使用注意事项：拉尺带时不要用力过猛，挂尺钩不要前倾后仰、左右歪斜；用毕先将尺带上的油污水渍擦干，再徐徐退回尺带
水平尺	水平尺 玻璃管	水平尺是测量墙和地面水平程度的量具。左图所示是其中常用的一种。 　使用时，在水平尺玻璃管中间有个游动的水泡，将水平尺放在被测物体上，水平尺水泡向哪边偏，表示哪边偏高，即需要降低该侧的高度，或调高相反侧的高度，将水泡调整至中心，就表示被测物体在该方向是水平的了

名　称	示　意　图	使　用　说　明
激光水平仪	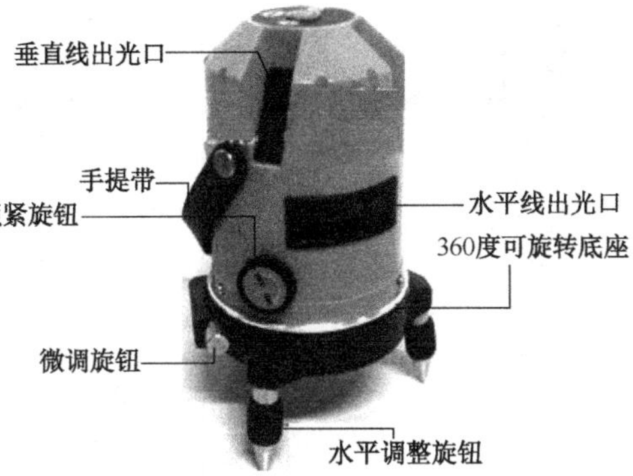 垂直线出光口 手提带 锁紧旋钮 水平线出光口 360度可旋转底座 微调旋钮 水平调整旋钮	激光水平仪（如左图所示），主要是用来测量水平和垂直的，里面有三条激光线，分别是一条水平线和两条垂直线（有的是一条垂直线），用来测量墙体是否垂直，地面是否平整，在贴壁纸，墙壁阴阳角处理，地面时超平都能用上。具体用法也比较简单，将水平仪放置在水平的地面上，将开关打开，下面有一条激光，可以校准当前地面是否平整，然后打开 H 和 V，出现两条红色激光，一条水平，一条垂直，转动水平仪头部，可以设置垂直的激光，而平行的激光线，只能通过高度来决定。 　　水平仪本身有脚架，可以架在脚架上，也可以放凳子上；如果水平仪的地面不平，上面的红灯会闪烁，将水平仪放置平整红灯就不再闪烁。 　　使用时，轻轻转动水平仪头部，以保证测量的结果。如果墙的阴阳角是垂直的，可以观察出激光线与墙线垂直或重合，如果是地面，可以测量水平仪打下的水平线高度，如果高度一致，证明地面也是平整的

（2）锯割工具及其使用简介。电工在施工中所使用的锯割工具，见表2-27所列。

表2-27　电工常用锯割工具

名　称	示　意　图	使　用　说　明
钢锯	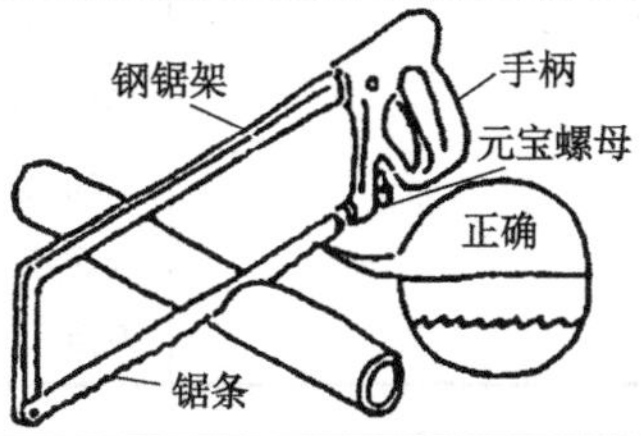 钢锯架　手柄　元宝螺母　正确　锯条	钢锯又称手锯是用来锯割金属及非金属材料的工具，如左图所示。 　　使用时，右手满握钢锯柄，控制锯割推力和压力，左手轻扶钢锯架前端，配合右手扶正钢锯，用力不要过大，均匀推拉
切管器	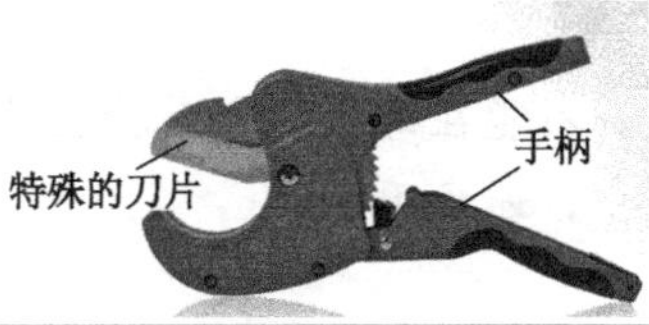 特殊的刀片　手柄	切管器是剪切 PVC 管材的专用工具，如左图所示 　　使用方法参见任务之相关内容

（3）冲锤工具简介。电工在施工中所使用的冲锤工具见表2-28所列。

表2-28　电工常用冲锤工具

名　称	示　意　图	使　用　说　明
铁锤	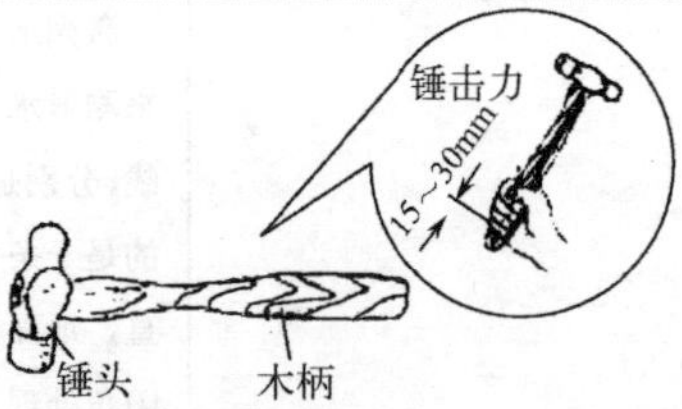 锤击力 15~30mm 锤头　木柄	铁锤是一种用来锤击的工具,如锤打铁钉等,铁锤的结构及握持,如左图所示。 使用时,右手应握在木柄的尾部,才能使出较大的力量。在锤击时,用力要均匀、落锤点要准确
钢凿	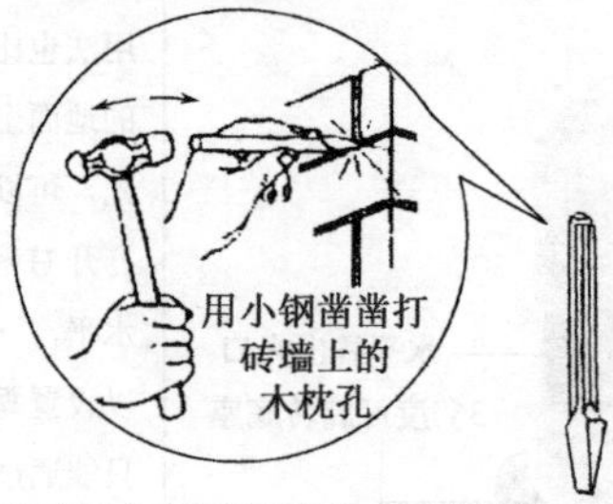 用小钢凿凿打砖墙上的木枕孔	钢凿是一种专门用来凿打砖墙上安装孔(如暗开关、插座盒孔、木钻孔)的工具,如左图所示。 使用注意事项:在凿打过程中,应准确保持钢凿的位置,挥动铁锤力的方向与钢凿中心线一致
冲击电钻	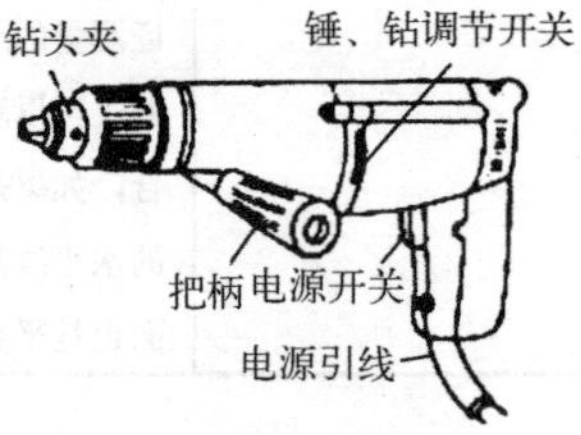 钻头夹　锤、钻调节开关 把柄电源开关 电源引线 (a)冲击钻 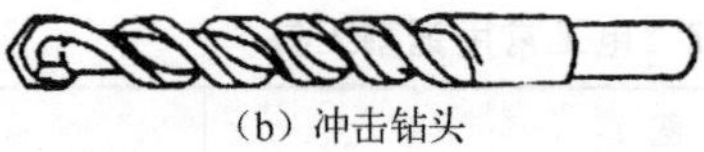 (b)冲击钻头	冲击电钻是一种既可使用普通麻花钻头在金属材料上钻孔,也可使用冲击钻头在砖墙、混凝土等处钻孔,供膨胀螺栓使用的工具。冲击电钻的结构,如左图所示。 使用注意事项: ① 电钻外壳要采取接地保护措施,电钻到电源的导线采用橡胶软护套线,应使用三芯线,其黑线作为接地保护线。 ② 使用前要检查电钻外观有无损伤,无损伤才可插入电源插座,同时用验电笔测试电钻外壳,只有在外壳不带电时才可以使用电钻。 ③ 不同直径的孔应选用相应的钻头。 ④ 冲击钻孔时,右手应握紧手柄,左手持握把柄,用力要均匀。 ⑤ 对转速可以调整的电钻,在使用前选择好适当的挡位,禁止在使用时中途换挡

温馨提示 ● ● ● ●

平时要注意护好冲击电钻电源引线,不能在锋利的金属物上乱拖,防止轧坏、割破,更不要把电源引线拖到油污和化学溶剂中,避免腐蚀。

拓展二:打孔辅助工件的使用

(1)打孔辅助工件的认识。

在墙上打较大的孔时,需要配上一些相应的打孔辅助工件,如图2-26所示。

（2）打孔辅助工件安装与操作步骤。用冲击电钻和打孔辅助工件打制墙孔时，其相应的工件安装与操作步骤，见表2-29所列。

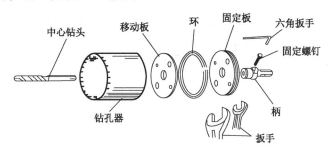

图2-26　打孔辅助工件

表2-29　打孔辅助工件的安装与操作

序号	示 意 图	操作要点	序号	示 意 图	操作要点
1		组装打孔辅助工件的移动板、环和固定板，如左图所示	6		用六角扳手旋转固定螺钉，固定钻孔器，如左图所示
2		从打孔辅助工件的固定板后方旋入柄，如左图所示	7		将柄柱插入冲击电钻的钻夹头中，如左图所示
3		将固定板总成装入外壳中，如左图所示	8		用钻夹头钥匙旋紧，操作准备工作完毕，如左图所示
4		使用专用扳手2把，完全紧固，由环的作用使外壳固定，如左图所示	9	中心钻头　移动板　墙	进行墙孔打制，如左图所示
5		将中心销嵌入柄内的凹孔中，如左图所示	10	墙	退出工具，结束打孔，如左图所示
注意事项	（1）为保证打孔过程安全，使用前一定要认真检查冲击电钻外壳接地保护的可靠性；操作时，最好戴绝缘手套，穿着绝缘鞋或站在干燥的木板、木凳上。				
	（2）打孔辅助工件的规格应与所需孔径的要求相符。				
	（3）"打孔"中，打孔辅助工件与墙面要垂直，用力均匀、不过猛				

拓展三：线路安装用塑料制品

（1）塑料线卡。

塑料线卡（简称线卡）是用来固定所敷设的线路和塑料线管，以避免导线和塑料线管脱落的紧固件，其结构形式如图 2-27 所示。

选择塑料线卡时，应考虑线卡与导线的规格（大小与宽度）的对应，不能过大也不能过小。在使用时，只要将线卡压在导线上，再在固定的位置上用锤子将水泥钉打入即可，其示意图如图 2-28 所示。

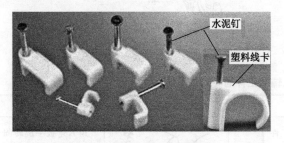

图 2-27　各种形式的塑料线卡

图 2-28　用线卡固定导线的示意图

温馨提示 ●●●●●

铝片线卡（俗称钢精轧头）虽然不是塑料制品，但在导线敷设中常有人采用。

把一件简单的事做好，就是不简单；把一件平凡的事做精，就是不平凡。

图 2-29　直通式膨胀管

（2）塑料膨胀管。

塑料膨胀管是在墙上挂东西的挂吊的附件。常用的规格一般有直通式膨胀管与鱼形膨胀管两种。随着市场的需求和应用领域的扩大，膨胀管的款式也越来越多，其功能也越来越强大。如天花板石膏板专用的膨胀管（飞机型膨胀管），还有空心墙空心砖专用的多功能打结式膨胀管等各式各样。图 2-29 所示，是一款常用的直通式膨胀管。

塑料膨胀管的安装方法：

① 用和塑料膨胀管相同直径的钻头在墙壁上打孔，孔的深度比塑料膨胀管多 0.5cm；

② 用小锤子将塑料膨胀管打入墙壁孔内；

③ 用螺丝固定物件。

温馨提示 ●●●●●

塑料膨胀管是十分常见的、构造简单的挂吊附件。安装膨胀管时，首先要了解塑料膨胀管的规格（款式、大小、长短），再根据膨胀管的要求钻打墙孔，最后配上相应的螺钉。塑料膨胀管的安装与使用注意事项：

① 钻孔大小应与膨胀管外径一致，长度应比膨胀管的总长度长 5～7mm。

② 避免重复使用墙孔与膨胀管，这样易出现膨胀管螺丝偏位，紧固力不佳等现象。

居室塑料线管的敷设

践行卡

根据教师（指导师傅）所提出的塑料管路敷设要求，在实训室进行模拟操练。塑料管路敷设样图，如图2-30所示。塑料管路敷设的操练登记表，见表2-30所列。

图 2-30 塑料管路敷设样图

表 2-30 塑料管路敷设的操练登记表

班 级		姓 名		学 号		日 期	
操作要求	根据教学条件和操作要求（教师或指导师傅提出），在实训室完成塑料管路模拟敷设工作。操作要求： （1） （2） （3）						
所需 器材	工 具	名 称	用 途	器件	名 称	用 途	
评价意见	评定人	评价、评议、评定意见			等 级	签 名	
	自 我 评 价						
	同 学 评 议						
	老 师 评 定						

项目摘要

（1）导线绝缘层的剖削是电工操作基本技能之一。一般要利用电工刀、尖嘴钳（钢丝钳）或剥线钳等工具。剖削时，要注意不要伤及导线线芯，更不要伤及人身。

（2）在室内布线过程中，常常会遇到线路分支或导线"断落"的情况，需要对导线进行连接。通常将线与线的连接处称为接头。对导线连接的基本要求是："导线接头应紧密，接触电阻要小；导线接头的机械强度不小于原导线机械强度的80%"。

（3）导线线头连接的方法一般分为：单股导线与导线的连接、多股导线与导线的连接、导线与接线桩（端子）的连接等几种。

（4）导线绝缘层连接或被破坏后，必须恢复其绝缘层的绝缘性能。在操作中，导线绝缘层的恢复方法有：导线直接点绝缘层的绝缘性能恢复、导线分支接点绝缘层的绝缘性能恢复和导线并接点绝缘层的绝缘性能恢复等。导线绝缘恢复的基本要求是：绝缘带包缠均匀、紧密，不露铜芯。

（5）电气照明线路安装中常用的塑料配件有：PVC塑料线管、塑料线卡、塑料线槽及附件等，它们能够起到固定导线，避免导线受外来因素的损伤，保证电能传送安全可靠，布置合理便捷，整齐美观的作用。

（6）PVC塑料线管由于具有表面平滑、操作方便、省工省时等优点，在住宅装修中应用较多。其连接方式有"冷接"和"热接"两种方法。

（7）塑料膨胀管是居室装修时，在墙上挂东西的挂吊的附件。塑料膨胀管最好只使用一次，避免重复使用。

自我检测

1．填空题

（1）导线绝缘层剖削可用 _____ 、_____ 和_____ 等工具。

（2）导线的连接质量好坏直接关系到人身与设备的安全，所以对导线连接的基本要求是：①_____ ②_____ ③_____ ④_____ 。

（3）导线线端（线头）连接的方法一般有：_____ 、_____ 、_____ 和_____ 等。

（4）导线绝缘恢复的基本要求是：_____ 。

（5）塑料管线连接（胶粘）时应注意事项：①_____ ②_____ ③_____ 。

2．判断题

（1）导线羊眼圈的弯制一般为逆时针方向。　　　　　　　　　　　　　（　　）

（2）导线绝缘层被破坏或连接后，必须恢复其绝缘层的绝缘性能。　　（　　）

（3）所谓导线的"封端"，是指将大于10mm²的单股铜芯线、大于2.5mm²的多股铜芯线和单股铝芯线的线头，进行焊接或压接接线端子的工艺过程。　　　　　（　　）

（4）导线直接点的机械拉力不得小于原导线机械拉力的80%，绝缘层恢复也必须可靠。

（　　）

（5）分支接点连接要求：分支接点牢固、绝缘层恢复可靠，否则容易发生断路和触电等电气事故。　　　　　　　　　　　　　　　　　　　　　　　　　　　（　　）

3．问答题

（1）识读电气原理图一般按哪几步进行？

（2）识读照明电气图有哪些基本方法？

（3）选择PVC穿线管时应注意什么问题？

项目三

照明配电箱的选用

住宅照明的电源取自供电系统的低压配电电路。配电箱（板）是一种连接电源和用电设备的电气装置，在电气系统中起分配和控制各支路的电路，并保障电气系统安全运行的作用。整个配电系统应设置总配电箱（配电柜）、分配电箱、开关箱，实行三级配电，二级漏电保护。总配电箱（配电柜）以下设置若干个分配电箱，分配电箱以下又设若干个开关箱。在配电中，为了使每路电气的工作不影响其他用电器，各条控制电路都应并接在相线与中性线上，在各自控制电路中使用。

通过学习（操练），了解住宅照明电源的输送路径，熟悉用户分配电箱的组成及箱内电器件的选用，掌握配电箱安装、对照明配电箱所出现的故障进行有效排除等技能。

任务一 箱内电器件的选用

连接外电源与用电设备的中间装置称为配电装置，它除了分配电能外，还具有对用电设备进行控制、测量、指示及保护等功能。大容量的配电装置通常将电气控制器件、测量仪表及保护电器等按一定的规律安装在专用柜内或屏上，称为配电柜、配电屏或配电盘；低压小容量配电装置的电气元件和测量仪表较少，通常安装在专用箱内或板上，称为配电箱、配电板或配电盘。

1. 低压配电箱

1）配电箱种类和分类

由用户变电所低压配电盘输出的低压供电线路，进户后接入用户配电柜，用户配电柜对电能实施再分配。一般配电柜输出多路供电线路至各用电部门，为用电设备提供电源。通常用户配电柜又称总配电箱，各部门的配电箱又称分配电箱。

低压配电箱简称配电箱，是用来配电和控制监视动力、照明电路及设备的装置，是配电系统中最低一级的电气控制设备，分布在各种用电场所，是保障电力系统正常运行的最基础环节。配电箱内一般配置测量仪表、控制开关、保护装置等电气元件。

低压配电箱有标准配电箱和非标准配电箱两类。按配电箱用途的不同，又分照明配电箱和动力配电箱两种。按配电箱的安装又分落地式、悬挂式和嵌入式三种。如图 3-1 所示为常见的几款配电箱。

图 3-1　常见的几款配电箱

总之，不论配电箱采用哪种安装方式，其安装场所都应干燥、明亮，不易受振动，便于抄表和维护，见表 3-1 所列。

表 3-1　配电箱的安装要求

安 装 方 式	说　　明
落地式	采用落地式安装配电箱时，应先预制一个高出地面约 100mm 的混凝土空心台，其目的是使配电箱不易进水，进出导线方便。 进入落地式配电箱的钢管，排列应整齐，管口应高出基础面 50mm 以上
悬挂式	在墙上明装配电箱时，应先预埋好固定件，如塑料膨胀管或燕尾螺栓等其他固定件。 采用挂式安装配电箱时，箱底距地面为 1.5m（除特殊要求外），箱（板）垂直安装偏差不大于 3mm
嵌入式	在墙上暗装配电箱时，墙壁的预留内孔大小应比配电箱外形尺寸大 20mm 左右

温馨提示 ● ● ● ● ●

① 箱内的电器件应有序排列。一般仪表置于盘面板上方，各回路的开关或断路器一一对应，放在便于操作的位置，并应考虑接线、维修方便，排列美观。

② 电器件所用导线截面应符合设计用电负荷的规定，最小截面铜芯导线不得小于 1.5mm^2；铝芯导线不得小于 2.5mm^2。配线排列应整齐，绑扎成束。接入盘面板电器件及盘面板后引入和引出导线应留有适当的余量，以便检修。

③ 配电箱、开关箱的导线进出口应设在箱体的底面，进出线孔必须用橡胶护线环加以绝缘保护。

④ 采用金属箱门与金属箱体均必须采用软铜线做电气连接。

2）家用配电箱规格的确定

一般家用配电箱规格的确定见表 3-2 所列。

表 3-2 一般家用配电箱规格的确定

示 意 图	说 明
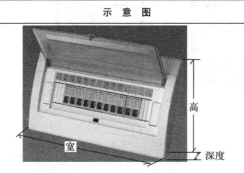 （a）一排布置	当配电箱只是照明配电箱或小动力时，进线小于 $10mm^2$ 时，如果断路器（开关）个数小于 20，将每个断路器的宽度加起来再每边加 20mm，就为配电箱的宽度，高度为断路器（开关）高度加 40mm，深度为断路器（开关）最大深度加 10mm
 （b）两排布置	当配电箱为动力配电箱或动力照明电箱时，算法基本上与上面相同，不过当进线大于 $10mm^2$ 时，要考虑进线弯曲半径，一级接线端子要预留足够的空间进线；当两排布置断路器（开关）时，应考虑断路器（开关）的导线的走向

3）常用配电箱的介绍

配电箱的种类繁多，同一种型号又有多种规格的产品。现仅介绍几种常用的配电箱，见表 3-3 所列。

表 3-3 几种常用的配电箱

种 类	说 明
XN 系列照明配电箱	XN 系列照明配电箱主要用于交流 500V 以下的三相四线制照明系统中工作非频繁操作控制照明线路，它对所控制的线路能分别起到过载或短路保护的作用
X（R）J 系列照明配电箱	X（R）J 系列照明配电箱又称照明计量箱，适用于民用住宅等建筑，用于计量 50Hz、单相三线或二线 220V 照明线路的有功电能，内装有电能表、断路器、漏电保护器、熔断器等电气元件，对照明线路具有过载及短路保护的作用
PZ-30 型配电箱	PZ-30 型配电箱是目前较流行的动力照明综合式配电箱，它的特点是采用了 C45、NC100 系列的小型断路器，配电箱体积仅为老型号配电箱的几分之一。C45 系列的小型断路器可以自由组合，能满足对出线回路数目的各种要求

2. 电器的选用

1）单相电能（度）表的选用

电能表又称电度表，也叫千瓦小时表，俗称火表，是计量电能的仪表。如图 3-2 所示是一些常见的单相电能表，其中交流感式式为最常用的一种。

（a）交流感应式单相电能表　　　（b）单相电子式电度表　　　（c）单相电子式复费率电度表

图 3-2　单相电能表

图 3-3　电能表的铭牌

（1）电能表的铭牌。在电能表的铭牌上都标有一些字母和数字，如图 3-3 所示是某单相电能表的铭牌。DD862 是电能表的型号，"DD"表示单相电能表，数字"862"为设计序号；一般家庭使用就需选用 DD 系列的电能表，设计序号可以不同。"220V"是电能表的额定电压，它必须与电源的规格相符合。"5（20）A"表示标定电流为 5A，允许使用的最大电流为 20A。"1440r/kWh"表示电能表的额定转速是每千瓦时 1440 转。

（2）电能表的接线方式。家庭用电量一般较少，因此单相电能表可采用直接接入方式，即电能表直接接入线路上。单相电能表的接线方式如图 3-4 所示。

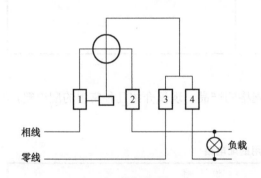 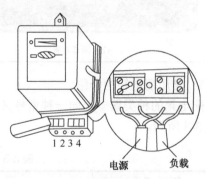

（a）接线原理图　　　　　　　　　　　　　（b）接线实物图

图 3-4　单相电能表的接线方式

温馨提示 ●●●●●

　　单相电能表的接线方式大多为"①③进线、②④出线"（图 3-4），但也有"①②进线、③④出线"的接线方式。在实际应用中，一定要认真阅读接线图，搞清楚它的接线方式。

（3）电能表的安装和使用要求。

① 电能表应按设计装配图规定的位置进行安装，不能安装在高温、潮湿、多尘及有腐蚀气体的地方。

② 电能表应安装在不易受振动的墙上或开关板上，离地面以不小于 1.8m 为宜。这样不仅安全，而且便于检查和抄表。

③ 为了保证电能表工作的准确性，电能表必须垂直装设。如有倾斜现象，会发生计数不准或停走等故障。

④ 接入电能表的导线中间不应有接头。接线时接线盒内螺钉应拧紧，不能松动，以免接触不良，引起桩头发热而烧坏。配线应整齐美观，尽量避免交叉。

⑤ 电能表在额定电压下，当电流线圈无电流通过时，铝盘的转动很慢，功率消耗也非常低。根据实践经验，一般 5A 的单相电能表无电流通过时每月耗电不到一度。

⑥ 电能表装好后，开亮电灯，电能表的铝盘应从左向右转动。若铝盘从右向左转动，说明接线错误，应把相线（火线）的进、出线调换一下。

⑦ 单相电能表的选用必须与用电器总功率相适应。

⑧ 电能表在使用时，电路不允许短路及过载（不超过额定电流的 125%）。

三相四线制与三相三线制电能表的接法见表 3-4 所列。

表 3-4　三相四线制与三相三线制电能表的接法

名　　称	示　意　图
直接式三相四线制的电能表接线图	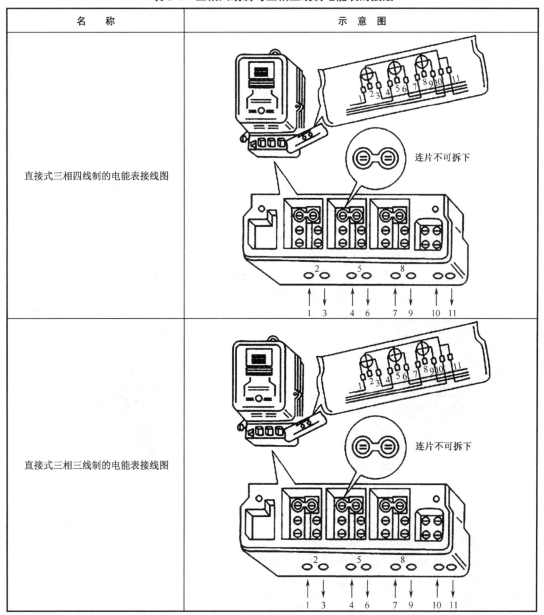
直接式三相三线制的电能表接线图	

续表

名　　称	示　意　图
间接式三相四线制的电能表接线图	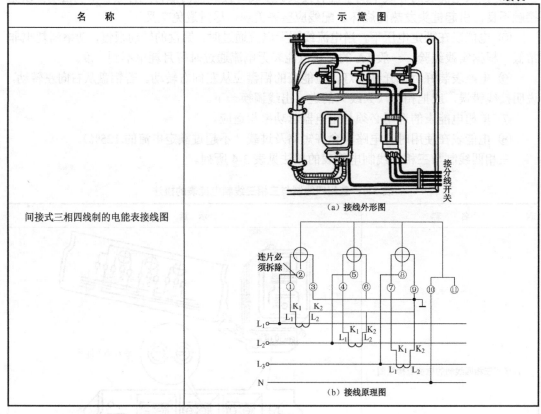 （a）接线外形图 （b）接线原理图

　　2）熔断器的选用

　　低压熔丝及熔断器是利用金属导体作为熔体串联于电路中，当过载或短路电流通过熔体时，因其自身发热而熔断，从而起到保护电路安全运行的一种器件。就低压电路而言，较常用的为保险丝和保险管等，如图3-5所示。

（a）保险丝

（b）保险管

图3-5　常用的熔断器

低压熔丝及熔断器的选用原则如下。

（1）根据使用环境和负载性质选择合适的类型。

（2）熔断器的额定电压大于或等于线路的额定电压。

（3）熔断器的额定电流大于或等于线路的额定电流。

（4）熔断器的分断能力应大于电路可能出现的最大短路电流。

（5）熔断器的上下级配合应有利于实现选择性保护。

3）导轨的选用

导轨又称滑轨、线性导轨、线性滑轨或安装轨，用于对零部件进行支撑和导向作用。导轨的类型有：顶帽形导轨、圆柱形导轨、燕尾形导轨、V 形导轨等。家装电器常用的安装导轨如图 3-6 所示。

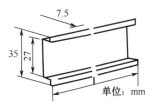

（a）实物图   （b）导轨尺寸

图 3-6　家装电器安装导轨

4）断路器的选用

低压断路器又称自动空气开关或自动开关，俗称自动跳闸，是一种可以自动切断线路的保护电器。低压断路器的种类很多，但基本结构和工作原理相同，主要由触点与灭弧、脱扣器、操作机构三个部分组成。

小型及家用断路器通常指额定电压在 500V 以下，额定电流在 100A 以下的小型低压断路器。这类型断路器的特点是体积小、安装方便、过载可靠，适用于照明线路、小型动力设备的过载与短路保护，被广泛用于工业、商场、高层建筑和民用住宅照明等场合。专为家庭设计的低压断路器如图 3-7 所示。

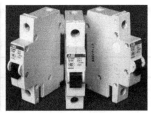

图 3-7　专为家庭设计的低压断路器

DZ47-60 系列小型塑壳断路器是目前流行的一种断路器，适用于 50Hz，单极 230V，二、三、四极 400V，电流至 60A 的线路的过载和短路保护，同时也可以在正常情况下不频繁地通断电气装置和照明电路。

（1）断路器的分类。DZ47-60 断路器按用途分：DZ47-60C 型用于照明保护，DZ47-60D 型用于电动机保护；按额定电流分：DZ47-60C 型有 1A、3A、5A、10A、15A、20A、25A、32A、40A、50A、60A；按极数分：有单极、二极、三极和四极四种。

（2）断路器的选择。一般情况下，断路器的选择应遵循以下两点。

① 断路器额定电压必须大于等于线路额定电压。

② 断路器额定电流和过电流脱扣器的额定电流大于等于线路计算负荷电流。

（3）断路器的安装。DZ47-60 断路器为导轨安装，其外形及安装尺寸如图 3-8 所示。

断路器的动触点只能停留在合闸（ON）位置或分闸（OFF）位置。多极断路器为单极断路器的组合，动触点应机械联动，各极同时闭合或断开。垂直安装，手柄向上运动时，触点向合闸（ON）位置方向运动。

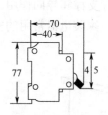
（a）单片断路器尺寸

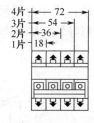
（b）四片断路器组合尺寸

（c）断路器在导轨上的安装

图 3-8　DZ47-60 断路器的外形及安装尺寸

5）漏电保护器的选用

漏电保护器俗称触电保安器或漏电开关，是用来防止人身触电和设备事故的主要技术装置。在连接电源与用电设备的线路中，当线路或用电设备对地产生的漏电电流到达一定数值时，通过保护器内的互感器检取漏电信号，并经过放大以驱动开关而达到断开电源，从而避免人身触电伤亡和设备损坏事故的发生。

家庭供电线路中使用漏电保护器，是以保护人身安全、防止触电事故发生为主要目的。因此，应选额定工作电压为220V、额定工作电流为6A或10A（安装有空调、电热淋浴器等大功率电器时要相应提高一至二个级别）、额定剩余动作电流（漏电电流）小于30mA、动作时间小于0.1s的单相漏电保护器；用于公共场所、高层建筑火灾保护的漏电保护器，应选额定剩余动作电流小于500mA，动作时只发出声光报警而不自动切断主供电电路的继电器式漏电保护器，其他几项参数能满足配电线路实际负荷的相应规格的漏电保护器，如设备工作波形中含有直流成分等。漏电保护器的安装见表3-5所列。

表 3-5　漏电保护器的安装

示意图	步骤	安装说明
	选型	应根据用户的使用要求来确定保护器的型号、规格。家庭用电一般选用220V、10～16A的单极式漏电保护器，如左图所示
	安装	安装接线应符合产品说明书规定，装在干燥、通风、清洁的室内配电盘上。家用漏电保护器安装比较简单，只要将电源两根进线连接于漏电保护器进线两个桩头上，再将漏电保护器两个出线桩头与户内原有两根负荷出线相连即可
	测试	漏电保护器垂直安装好后，应进行试跳，试跳方法：将试跳按钮按一下，如漏电保护器开关跳开，则为正常，绝不能因跳闸而擅自拆除；如发生拒跳，正确的处理方法是对家庭内部线路设备进行检查，消除漏电故障点，再继续将漏电保护器投入使用，否则送修理单位检查修理或更换新件

温馨提示 ●●●●

　　日常因电气设备漏电过大或发生触电时，决不能因动作频繁而擅自拆除漏电保护器。正确的处理方法是查清、消除漏电故障后，再继续将漏电保护器投入使用。

任务二 常见故障现象与排除

1. 配电箱（柜）故障判断方法

配电箱（柜）内常见故障比较简单；主要有短路、断路、接触不良、触头烧蚀、电器件损坏或质量问题等，其故障大多比较直观。当故障出现时，应冷静分析产生故障的原因后再进行排除。配电箱（柜）内故障检查方法一般是"一看、二闻、三测、四摸"。

一看：看一看配电箱（柜）内导线是否脱落、导线绝缘有否烧焦痕迹等。

二闻：闻一闻箱（柜）内有否烧焦气味，如导线的塑料焦味、电器件的外壳异常味等。

三测：用验电笔或万用表测试电器件进出端是否正常、导线是否带电等。验电笔与万用表的使用方法，参照项目四的拓展一。

四摸：如果故障出现不久，在保证安全情况下，手触摸电器件或导线绝缘层的温度是否过高、是否存在发烫现象等。

2. 常见故障现象与处理办法

配电箱（柜）常见故障现象与处理办法，见表 3-6 所列。

表 3-6　配电箱（柜）常见故障现象与处理办法

配电箱（柜）示意图	故障现象	处理办法
	短　路	针对出现的故障现象进行认真检查分析，找出问题所在加以处理
	断　路	找出断路处加以处理，即更换断路处的导线
	接触不良	认真检查分析接触不良的原因，如导线松动，则重新拧紧连接螺钉
	触头烧蚀	清洁烧蚀的触头，对触头烧蚀严重的应更换同规格的触头，或考虑更换触头烧蚀的电器件
	电器件损坏或质量问题	所出现的故障确系电器件损坏或质量问题，则更换同规格的新件

温馨提示 ●●●●

出现问题不要急于处理，简单更换是不负责任，针对性根治才是上策！

知能拓展

拓展一：新颖电能表简介

在科技迅猛发展的今天，新型电能表已快步进入千家万户，并向高智能、高精度、高可靠性和全自动计费的方向发展。新型智能化全自动计量仪器仪表将推陈出新，逐步取得主导地位，促使计量工作迈向一个全新的台阶。

近期我国开发了具有较高科技含量的长寿式机械电能表、静止式电能表（又称电子式电能表）和电卡预付费电能表等，如图 3-9 所示。

（a）长寿式　　　　　　（b）静止式　　　　　　（c）电卡预付费

图 3-9　新型电能表

（1）长寿式机械电能表。长寿式机械电能表是在充分吸收国内外先进电能表设计、选材和制作经验的基础上开发的新型电能表，具有宽负载、长寿命、低功耗、高精度等优点。

① 表壳采用高强度透明聚碳酸酯注塑成型，在 60～110℃范围内不变形，能达到密封防尘、抗腐蚀及阻燃的要求。

② 底壳与表盒连体，采用高强度、高绝缘、高精度的热固性材料注塑成型。

③ 轴承采用"磁推"式轴承，支撑点采用进口石墨衬套及高强度不锈钢针。

④ 阻尼磁钢由铝、镍、钴等双极强磁性材料制作，经过高、低温老化处理，性能稳定。

⑤ 计量器的支架采用高强度铝合金压铸，字轮、标牌均能防止紫外线辐射，不褪色，齿轮轴采用耐磨材料制作，不加润滑油，机械负载误差小。

⑥ 电流线圈线径较粗，自热影响小，表计稳定性好，表盒与接头的焊接选用银焊材料，接触可靠。

⑦ 电压线路功耗小于 0.8W，损耗小，节能。

⑧ 电流量程一般为 5A。

（2）静止式电能表。静止式电能表是借助于电子电能计量的先进机理，继承传统感应式电能表的优点，采用全屏蔽、全密封的结构，具有良好的抗电磁干扰性能，集节电、可靠、轻巧、高精度、高过载、防窃电等为一体的新型电能表。

静止式电能表由分流器取得电流采样信号，分压器取得电压采样信号，经乘法器得到电压电流乘积信号，再经频率变换产生一个频率与电压电流乘积成正比的计数脉冲，通过分频，驱动步进电动机，由表中的计度器进行计量，其工作原理图如图 3-10 所示。

静止式电能表按电压分为单相电子式、三相电子式和三相四线电子式等，按用途又分为单一式和多功能（有功、无功和复合型）式等。

静止式电能表的安装使用要求与一般机械式电能表大致相同，但接线宜粗，避免因接触不良而发热烧毁。静止式电能表安装接线如图 3-11 所示。

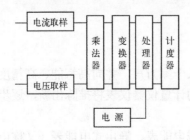

图 3-10　静止式电能表工作原理

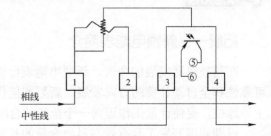

图 3-11　静止式电能表安装接线

（3）电卡预付费电能表。电卡预付费电能表即机电一体化预付费电能表，又称 IC 卡表或磁卡表。它不仅具有电子式电能表的各种优点，而且电能计量采用先进的微电子技术进行数据采集、处理和保存，实现先付费后用电的管理功能。

电卡预付费电能表由电能计量和微处理器两个主要功能块组成。电能计量功能块使用分流-倍增电路，产生表示用电多少的脉冲序列，送至微处理器进行电能计量；微处理器则通过电卡接头与电能卡（IC 卡）传递数据，实现各种控制功能，电卡预付费电能表工作原理如图 3-12 所示。

电卡预付费电能表也有单相表和三相表之分，单相电卡预付费电能表的接线如图 3-13 所示。

（4）防窃型电能表。防窃型电能表是一种集防窃电与计量功能于一体的新型电能表，可有效地防止违章窃电行为，堵住窃电漏洞，给用电管理带来极大的方便。

① 正常使用时，盗电制裁系统不工作。

② 当出现非法短路电流回路时，盗电制裁系统工作，电能表就加快运转，并催促非法盗电者停止窃电行为。电能表反转时，此表采用双向计度器装置，使倒转照样计数。

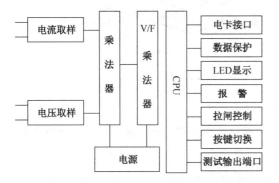

图 3-12 电卡预付费电能表工作原理

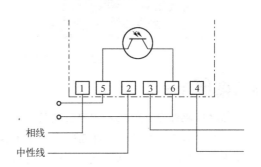

图 3-13 单相电卡预付费电能表的接线

拓展二：照明配电箱与动力配电箱的区别

1．照明配电箱

照明配电箱：主要负荷是指照明器具、普通插座、小型电动机等。负荷较小，多为单相供电，也有三相供电但较少应用，总电流一般小于 63A，单出线回路电流小于 15A。一般允许非专业人员操作。

2．动力配电箱

动力配电箱：主要负荷为动力或照明与动力共同使用，以及为照明负荷提供电源的大容量配电箱（超出 63A 等级，非终端配电，如照明配电箱的上一级配电）。通常只允许专业人员进行操作。

拓展三：组合式开关箱介绍

开关箱是一种能根据用户需要选用合适元件，构成具有配电、控制保护和自动化等功能的住宅模数终端组合式配电箱，简称开关箱（如图 3-14 所示）。住宅模数

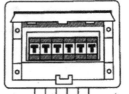

图 3-14 住宅模数终端组合式配电箱

终端组合式开关箱主要由模数化组装式电器件，以及它们之间的电气、机械连接和外壳等构成。由于这种开关箱具有诸多功能及优点，被广泛用于配电线路中。

目前，使用较多的 **PZ20** 和 **PZ30** 系列组合式开关箱具有如下功能。

（1）导轨化安装。如图 3-15 所示，可将开关电器方便地固定、拆卸、移动或重新排列，实现组合灵活化。

（2）器件尺寸模数化，外形尺寸、接线端位置均相互配套一致。功能组合多样，能满足不同需要。

（3）壳体外观美观大方，壳内设有可靠的中性线和接地端子排、绝缘组合配线排，接地、使用时安全性能好。

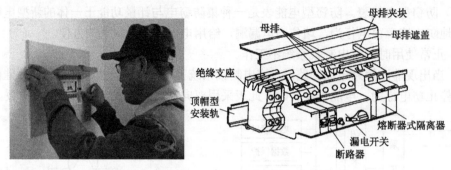

图 3-15　装有各种电器件的组合开关箱结构图

模数终端组合式配电箱中电器的选用和安装应该根据用户实际使用要求，确定组合方案，计算出所用器件的总尺寸，再选择所需外壳容量，并选定型号。然后，将其放入已预留孔洞的墙体中，并根据设计的电气线路图进行连线，连接完成后将其固定到墙体中即可。

配电箱（板）的安装

践行卡

根据提供的样图（如图 3-16 所示），在配电箱（板）上完成相关电器件的安装工作，并在交流表 3-7 中填写相关内容。

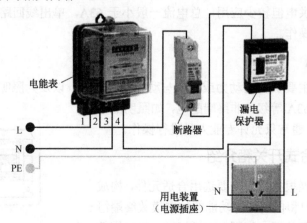

图 3-16　安装样图

表 3-7　住宅配电箱（板）安装工作的评议表

班级			姓　名		学　号		日　期	
交流内容	器材清单	工具						
		器材						
	操作步骤	第1步						
		第2步						
		第3步						
		第4步						
		第5步						
		第6步						
评价	评定人		评 议 情 况				等级	签名
	自己评价							
	同学评议							
	老师评定							

项目摘要

（1）连接外电源与用电设备的中间装置称为配电装置，它除了分配电能外，还具有对用电设备进行控制、测量、指示及保护等功能。

（2）低压配电箱简称配电箱，是用来配电和控制监视动力、照明电路及设备的装置，是配电系统中最低一级的电气控制设备，分布在各种用电场所，是保障电力系统正常运行的最基础环节。配电箱内一般配置测量仪表、控制开关、保护装置等电气元件。

（3）低压配电箱有标准配电箱和非标准配电箱两类。按配电箱用途的不同，又分照明配电箱和动力配电箱两种。总之，不论配电箱采用哪种安装方式，其场所都应干燥、明亮，不易受振动，便于抄表和维护。

（4）电能表又称电度表、千瓦小时表，俗称火表，是计量电能的仪表。单相电能表的接线方式大多为"①③进线、②④出线"，但也有"①②进线、③④出线"的接线方式。在实际应用中，一定要认真阅读接线图，搞清楚它的接线方式。

（5）漏电保护器俗称触电保安器或漏电开关，是用来防止人身触电和设备事故的主要技术装置。日常因设备漏电或发生触电时，决不能因动作频繁而擅自拆除漏电保护器。正确的处理方法是查清、消除漏电故障后，再继续将漏电保护器投入使用。

（6）配电箱（柜）内常见故障比较简单，主要有短路、断路，接触不良，触头烧蚀、电器件损坏或质量问题等，其故障大多比较直观。当故障出现时，应冷静分析产生事故的原因后再进行排除。配电箱（柜）内故障检查方法，一般是"一看、二闻、三测、四摸"。

（7）随着科技迅猛发展，当今新型电能表已快步进入千家万户，并向高智能、高精度、高可靠性和全自动计费的方向发展。

自我检测

1．填空题

（1）配电箱（板）是一种连接电源和用电设备的电气装置，在电气系统中起_____作用。

（2）在配电中，为了使每条电路间不相互影响，各条控制电路都应___在相线与中性线上，在各自控制电路中使用。

（3）按低压配电箱用途的不同，可分为____和____两种。

（4）配电箱安装场所的选择应_____。

（5）在墙上暗装配电箱时，墙壁的预留内孔大小应比配电箱外形尺寸大_____。

（6）低压断路器又称自动空气开关或自动开关，俗称自动跳闸，是一种_____。

2．判断题

（1）低压配电箱简称配电箱，是用来配电和控制监视动力、照明电路及设备的装置，是配电系统中最低一级的电气控制设备。　　　　　　　　　　　　　　（　　）

（2）单相电能表的接线方式大多为"①③进线、②④出线"，但也有"①②进线、③④出线"的接线方式。　　　　　　　　　　　　　　　　　　　　　　（　　）

（3）低压断路器又称自动空气开关或自动开关，俗称自动跳闸，是一种可以自动切断线路的保护电器。　　　　　　　　　　　　　　　　　　　　　　（　　）

（4）漏电保护器安装后进行"试跳"时，如漏电保护器开关跳开，则为不正常。
　　　　　　　　　　　　　　　　　　　　　　　　　　　　　　（　　）

（5）在连接电源与用电设备的线路中，当线路或用电设备对地产生的漏电电流到达一定数值时，通过保护器内的互感器检取漏电信号并经过放大以驱动开关而断开电源，从而避免人身触电伤亡和设备损坏事故的发生。　　　　　　　　　　　　（　　）

（6）当故障出现时，应冷静分析产生事故的原因后再进行排除。　　　（　　）

3．问答题

（1）电能表安装和使用有哪些要求？

（2）选用低压熔丝及熔断器时应遵循哪些原则？

（3）照明配电箱与动力配电箱有哪些区别？

项目四

⋯⋯室内照明电路的装接

随着生活水平、生活质量的日益提高，人们对灯光照明、灯光环境的要求也越来越高。现代装饰照明、艺术照明已经广泛用于一般民用居室建筑中。

通过学习（操练），熟悉电气照明基本电路，能按照居室或人们的要求选用各种照明电器件（如开关、插座、灯具），能够独立完成基本灯具线路的安装及其故障处理。

 **常用电器件的安装**

1. 照明电路的三环节

1）电路的基本组成

电路是电流流过的路径。一个完整的电路通常至少要有电源、负载和中间环节三部分组成，如图 4-1 所示。

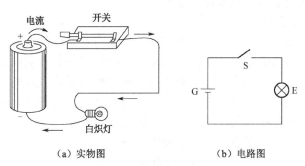

(a) 实物图   (b) 电路图

图 4-1 简单照明电路

（1）电源。电源是供给电能的装置，它把其他形式的能转换成电能。如干电池或蓄电池能把化学能转换成电能，发电机能把机械能转换成电能，光电池能把太阳的光能转换成电能等。通常将给居民住宅供电的电力变压器看成电源。

（2）负载。负载也称用电设备或用电器，是应用电能的装置，它把电能转换成其他形式的能量。如电灯把电能转换成光能，电动机把电能转换成机械能，电热器把电能转换成热能等。

（3）中间环节。用导线把电源和负载连接起来，构成电流通路的部分称为中间环节。为了使电路正常工作，中间环节通常还装有开关、熔断器等元件，对电路起控制和保护作用。

温馨提示 ●●●●●

欲使电路获得持续电流（如电灯发光）的条件：①电路必须是闭合回路；②提供源源不断的电能。

2）电路的工作状态

电路的基本工作状态有通路、开路和短路3种，见表4-1所列。

表4-1 电路的基本工作状态

电路状态	示 意 图	说 明
通路	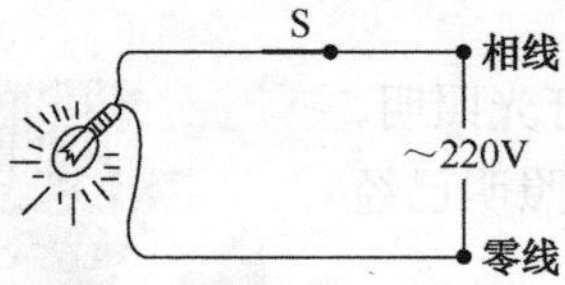	通路是指正常工作状态下的闭合电路。电路通路时，开关闭合，电路中有电流通过，负载能正常工作
开路	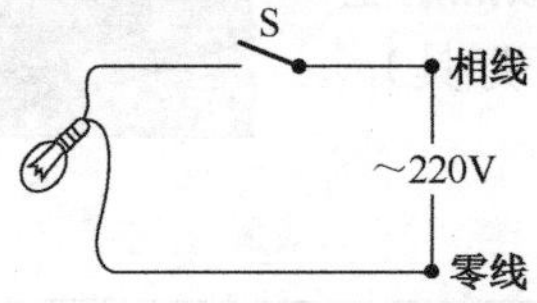	开路，又称断路，是指电源与负载之间未接成闭合电路，即电路中有一处或多处是断开的。电路开路时，电路中没有电流通过。开关处于断开状态时，电路开路是正常状态。但当开关处于闭合状态时，电路仍开路，就属于故障状态，需要电工去检修
短路	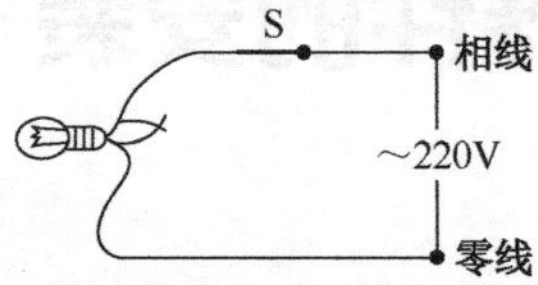	短路是指电源不经负载直接被导线相连。短路时，电源提供的电流比正常通路时的电流大许多倍。严重时，会很快烧毁电源和短路内的电气设备。因此，电路中不允许无故短路，特别不允许电源短路。电路短路的保护装置是熔断器

2. 照明电器件的安装

在照明电路中，常遇到的电器件安装有：开关的安装、灯头的安装和插座的安装等，它是电工进行电气照明安装的基本操作技能之一。

1）开关及其安装范例

（1）开关安装形式。开关是用来控制灯具等电器电源通断的器件。根据它的使用和安装，开关常见的安装形式有明装式和暗装式两种。明装式开关有倒扳式、翘板式、撤钮式和双联或多联式；暗装式（即嵌入式）开关有撤钮式和翘板式。此外，还有组合式开关，即根据不同组装要求组成的多功能开关，有节能钥匙开关、请勿打扰的门铃按钮、调光开关、带指示灯的开关和集控开关（板）等。常用开关如图4-2所示。

（2）开关安装要求。开关安装的技术要求如下。

① 明装开关或暗装开关一般安装在门框边便于操作的地方，开关位置与灯具一一对应。所有开关扳把接通或断开的上下位置应一致。

② 拨动（又称扳把）开关距地面高度一般为1.2～1.4m，距门框为150～200mm。

③ 拉线开关距地面高度一般为2.2～2.8m，距门框为150～200mm。

④ 暗装开关的盖板应端正、严密并与墙面平。

⑤ 明线敷设的开关应安装在厚度不小于15mm的木台上。

⑥ 多尘潮湿场所（如浴室）应用防水瓷质拉线开关或加装保护箱。

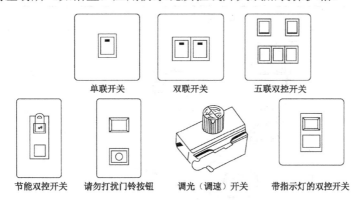

单联开关   双联开关   五联双控开关

节能双控开关   请勿打扰门铃按钮   调光（调速）开关   带指示灯的双控开关

图 4-2   几种常用开关

（3）开关安装范例。开关的安装方式有明装和暗装，明装开关的安装方法见表 4-2 所列，暗装开关的安装方法见表 4-3 所列。

表 4-2   明装开关的安装方法

步 骤	示 意 图	说 明
第一步	灯头与开关的连接线　相线　塞上木枕	木枕安装：在墙上准备安装开关的地方（一般情况倒扳式、翘板式或撤钮式开关距地面 1.3m，距门框 150～200mm；拉线开关距地面 2.2m，距门框 150～200mm）居中钻 1 个小孔，塞上木枕
第二步	在木台上钻孔	木台固定：把待安装的开关在木台上放正，打开盖子，用铅笔或多用电工刀对准开关穿线孔在木台板上划出印记，然后用多用电工刀在木台上钻 3 个孔（钻 2 个穿导线孔和 1 个木螺钉孔）。把开关的 2 根导线分别从木台板孔中穿出，并将木台固定在木枕上
第三步	S ① ②	开关接线：卸下开关盖，把已削去绝缘层的 2 根导线头分别穿入底座上的 2 个穿线孔，并分别将 2 根导线头接在开关 S 的①、②接线端上，再用木螺钉把开关底座固定在木台上。对于扳动开关，按常规装法：开关扳把向上时电路接通，向下时电路断开

表4-3 暗装开关的安装方法

步 骤	示 意 图	说 明
第一步	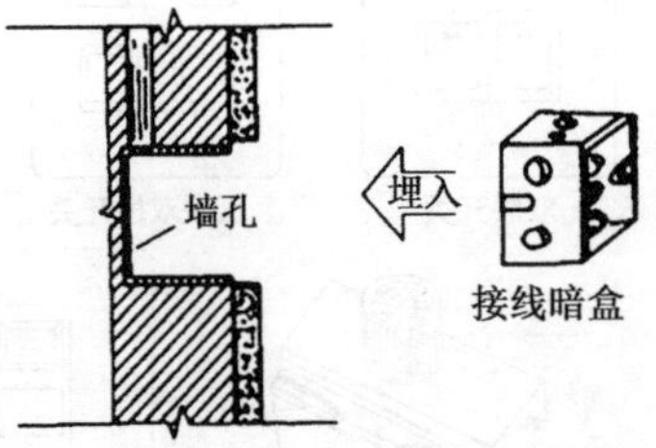 墙孔　埋入　接线暗盒	固定接线暗盒：将接线暗盒按定位要求埋设（嵌入）在墙内，埋设时用水泥砂浆填充，但要注意埋设平整，不能偏斜，接线暗盒口面应与墙的粉刷层面保持一致
第二步	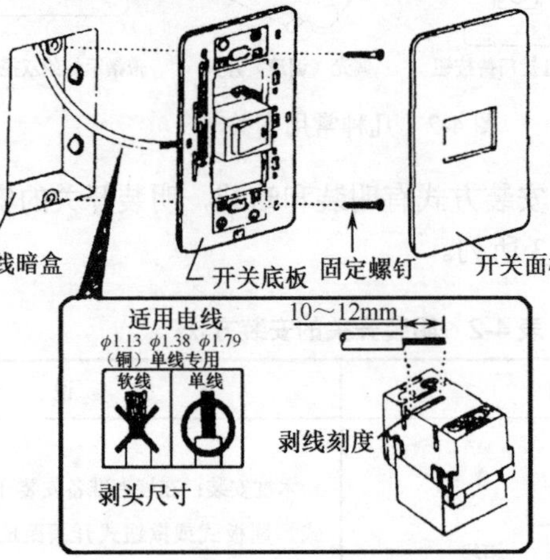 开关接线暗盒　开关底板　固定螺钉　开关面板 适用电线 φ1.13 φ1.38 φ1.79（铜）单线专用　软线　单线　10～12mm　剥线刻度　剥线尺寸	开关接线：卸下开关面板，把穿入接线暗盒内的2根导线头分别插入开关底板的2个接线孔，并用木螺钉将开关底板固定在开关接线暗盒上，再盖上开关面板

温馨提示 ● ● ● ●

　　① 电器、灯具的相线经开关控制，接点接触可靠；开关安装距地面高度一般为1.3m。拉线开关距地面高度为2.2～2.8m。

　　② 同一场所开关的切断位置应一致。安装扳把开关时，其扳把方向应一致：扳把向上为"合"，即电路接通；扳把向下为"分"，即电路断开。

2）灯头及其安装范例

（1）灯头安装形式。灯头是用于白炽灯与电源安全连接的电器件。灯头安装形式一般分吊挂式（软线吊挂灯、链条吊挂灯、钢管吊挂灯）和矮脚式（又称灯座）2类，每一类又分卡口式和螺口式2种，见表4-4所列。

（2）灯头安装要求。以吊挂式白炽灯灯头为例，其安装的技术要求如下。

① 一般环境中灯头绝缘材料以胶木为主，在潮湿的房间则用瓷质材料。

② 吊挂式灯头，白炽灯具质量在1kg以下，可采用软导线吊装，质量大于1kg的白炽灯具应采用吊链，软导线编织交叉在铁链内，以保证导线不应受力。

③ 灯具应安装牢固，导线连接紧固可靠，且在吊线盒（又称挂线盒）及灯头内打结扣（电工结扣），如图4-3所示。

表4-4 白炽灯头外形及内部结构

种 类	吊挂式灯头		矮脚式灯头	
	外 形	内 部 结 构	外 形	内 部 结 构
卡口		接线耳 螺钉 弹簧 灯罩圈 灯座体 触头 插口铜圈		插口铜圈 触头 灯座体 弹簧 灯罩圈 基座 紧固螺钉　接线耳与螺钉
螺口		盖 接线耳 螺钉 压片　触片 灯座体 导电螺圈		螺纹铜圈 螺针 接线耳 螺钉 基座

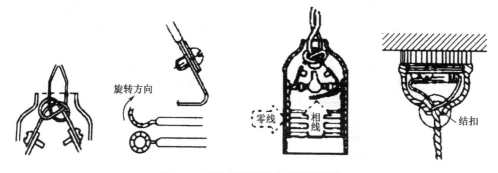

图4-3 吊线盒及灯头内导线的连接

④ 采用螺口灯头时，相线应接在灯头中心的簧片上，金属外壳接零线，相线接开关。

（3）灯头安装范例。灯头的安装方式有软线吊挂式和矮脚式，软线吊挂式灯头的安装方法见表4-5所列。矮脚式灯头的安装方法见表4-6所列。

表4-5 软线吊挂式灯头的安装方法

步 骤	示 意 图	说 明
第一步		安装木枕：在准备装吊线盒的位置上，居中用电钻打孔放入木枕（或塑料膨胀管），若用膨胀螺栓或塑料膨胀管固定的木台，则应在此位置上，用电钻打安装螺栓或膨胀管的孔（孔的大小应与所安装的螺栓或膨胀管外径配套）后，插入螺栓或膨胀管

续表

步　骤	示　意　图	说　明
第二步	在木台上钻孔	安装木台：在木台上钻 3 个孔（中间孔用于固定木台，两侧孔用于穿线），将导线穿入木台后，用木螺钉或膨胀螺栓的螺母将木台固定
第三步		安装吊线盒：将木台上穿出的两根电线线头分别从吊线盒底座上的穿线孔中穿出后，接在穿线孔旁边的接线桩头上，然后将吊线盒用木螺钉固定在木台上
第四步	结扣	吊线盒接线：截取一定长度的软导线，作为吊线盒与灯头的连接导线。在这段软导线一端约 50mm 处打一个电工结扣
第五步		安装灯头：将灯头的盖子旋下，穿入软线的下端，在离下端约 30mm 处打一个电工结扣。然后将两个线头分别接到灯头的两个接线螺钉上，再装上灯头盖。如灯头为螺口式时，接线要特别注意，电源中性线应与螺口灯头螺旋套相连的接线螺钉相接，电源的相线（通过开关的相线）应与灯头中心簧片相连的接线螺钉相接，不要接反，否则易造成触电事故
第六步		安装白炽灯：安装卡口白炽灯要牢固；安装螺口白炽灯时，松紧度要适当，不要拧得太松，造成接触不良，电灯不发光；也不能拧得过紧，造成灯头内部短路

温馨提示 ●●●●●

电工结扣（电工结）的操作步骤如图 4-4 所示。

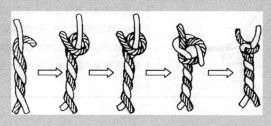

图 4-4　电工结扣的操作步骤

表4-6　矮脚式灯头的安装方法

步　骤	示　意　图	说　明
第一步	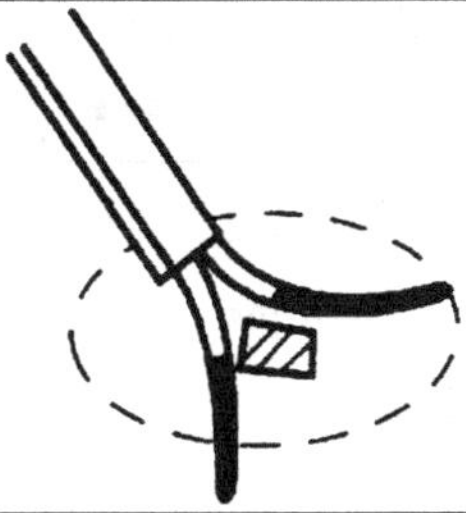	木枕安装：在准备安装矮脚式灯头的地方居中钻 1 个孔，再塞上木枕（或塑料膨胀管）
第二步	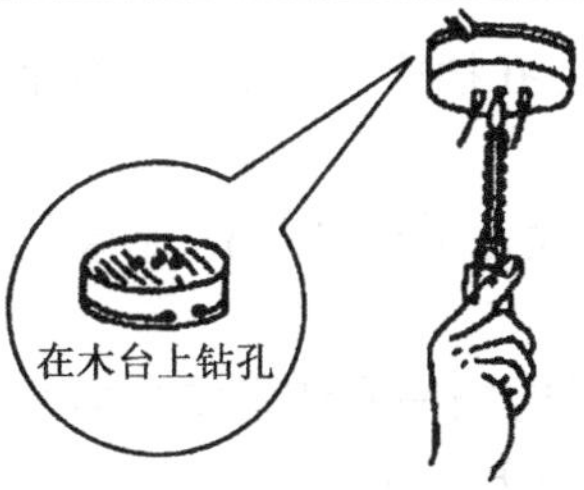 在木台上钻孔	安装木台：对准灯头穿线孔的位置，在木台上钻 2 个穿线孔和 1 个木螺钉孔，再在木台的一侧开一条进线槽，将已削去绝缘层的线头从木台的 2 个穿线孔中穿出，然后将木台固定在木枕（或塑料膨胀管）上
第三步	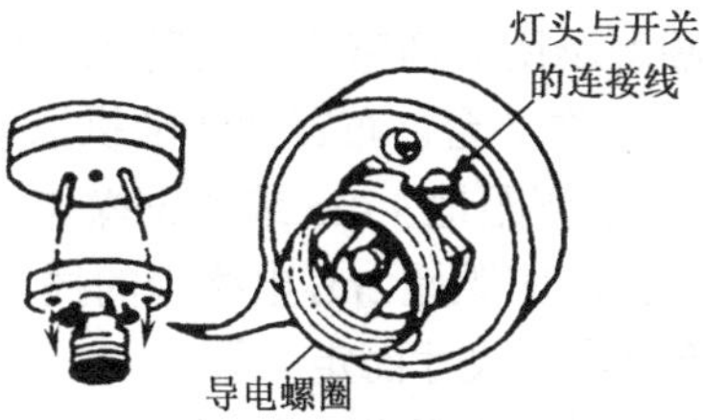 灯头与开关的连接线　导电螺圈	灯头接线：把 2 根线头分别接到灯头的 2 个接线柱上
第四步	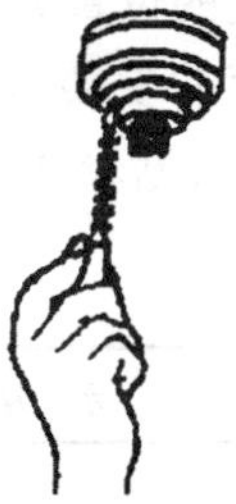	灯座安装：装上卡口式或螺口式灯头的底座

温馨提示 ●●●●

① 为保证人身安全，灯头线不能装得太低，灯头距地面的高度不应小于 2.5m。在特殊情况下可以降到 1.5m，但应注意防护工作。

② 采用螺口灯座时，应将相（火）线接顶心极，零线接螺纹极，不能接反，否则在装卸灯泡时容易发生触电事故。

③ 吊线灯具重量不超过 1kg 时，可用灯具引线自身作为吊线；灯具重量超过 1kg 时，应采用吊链或钢管吊装。

3）插座及其安装范例

（1）插座的安装形式。插座是供移动电器如台灯、电风扇、电视机、洗衣机及电动机等连接电源用的电器件。插座安装形式一般有固定式（明装插座和暗装插座）和移动式（又称接线板）两种。常见固定式插座如图 4-5 所示。

（a）明装插座　　　　　　　　（b）暗装插座

图 4-5　常见的固定式插座

（2）插座安装要求。插座安装的技术要求如下。

① 凡携带式或移动式电器用插座，单相应用三孔插座，三相用四孔插座，其接地孔应与接地保护线或零线相连接。

② 明装插座离地面的高度应不小于 1.3m，一般为 1.5～1.8m；暗装插座允许低装，但插座距地面高度不小于 0.3m。

③ 儿童活动场所的插座应使用安全插座，采用普通插座时，距地面高度不应小于 1.8m。

④ 卫生间等潮湿场所的插座应使用防水插座，如厨房操作台、灶台、置物台、洗菜台。布置抽油烟机插座、电热水器等插座时，抽油烟机插座距地 1.4m 或根据操作台和吊柜具体位置设置，电热水器插座应距地 2m，电冰箱的插座距地面 0.3m 或 1.5m（根据冰箱位置及尺寸而定）等。

⑤ 安装插座时，其插孔的位置如图 4-6 所示。

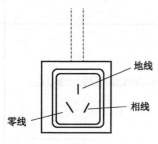

图 4-6　插座孔的位置

（3）插座安装范例。插座的安装方式有明装和暗装两种，明装插座的安装方法见表 4-7 所列，暗装插座的安装方法见表 4-8 所列。

表 4-7　明装插座的安装方法

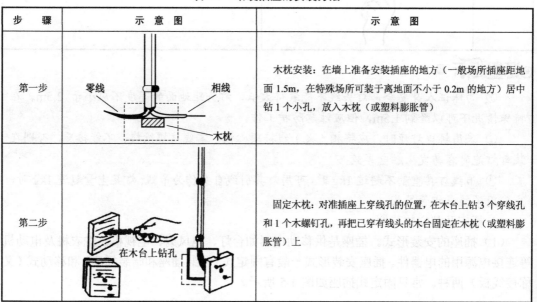

步　骤	示　意　图	示　意　图
第一步		木枕安装：在墙上准备安装插座的地方（一般场所插座距地面 1.5m，在特殊场所可装于离地面不小于 0.2m 的地方）居中钻 1 个小孔，放入木枕（或塑料膨胀管）
第二步		固定木枕：对准插座上穿线孔的位置，在木台上钻 3 个穿线孔和 1 个木螺钉孔，再把已穿有线头的木台固定在木枕（或塑料膨胀管）上

续表

步　骤	示　意　图	示　意　图
第三步	接地 零线　　　相线	插座接线：卸下插座盖，把 3 根线头分别穿入木台上的 3 个穿线孔。再把 3 根线头分别接到插座的接线柱上，插座的上接线柱接"接地保护线"，插座下面的 2 个接线柱分别接电源线（即左孔接线柱接"零线"，右孔接线柱接"相线"），不能接错

表 4-8　暗装插座的安装方法

步　骤	示　意　图	说　明
第一步	墙孔　　埋入　　接线暗盒	固定接线暗盒：将接线暗盒按定位要求埋设（嵌入）在墙内，埋设时用水泥砂浆填充，但要注意埋设平整，不能偏斜，暗盒口面应与墙的粉刷层面保持一致
第二步	地线 相线 零线	插座接线：卸下暗装插座面板，把穿过接线暗盒的导线线头分别插入暗装插座底板的 3 个接线孔内，插座上面的孔插入保护接地线线头，插座下面的 2 个小孔插入电源线头（插座的左孔插入零线线头，插座的右插孔接相线线头），固定暗装插座，盖上插座面板

温馨提示 ●●●●●

① 安装插座时，插座插孔要按一定顺序排列。单相双孔插座的双孔垂直排列时，相线孔在上方，零线孔在下方；单相双孔插座的双孔水平排列时，相线在右孔，零线在左孔；单相三孔插座，保护接地线在上孔，相线在右孔，零线在左孔。

② 插座选用时应注意：用于空调的插座注意它的规格，且线路直接从电度表引出；对卫浴用的插座应注意它的位置，且选择具有防水功能的一类。

任务二　典型控制电路的接线

白炽灯具是家用照明中最重要的电光源之一。尽管其他新型灯具在各方面也在广泛地应用，但白炽灯具作为一种随处可用、价格便宜的光源，仍有较大的市场。

1. 一只单联开关控制一盏灯

一只单联开关控制一盏灯线路的连接方法见表 4-9 所列。

表 4-9　一只单联开关控制一盏灯线路的连接方法

步　骤	示　意　图	说　明
第一步	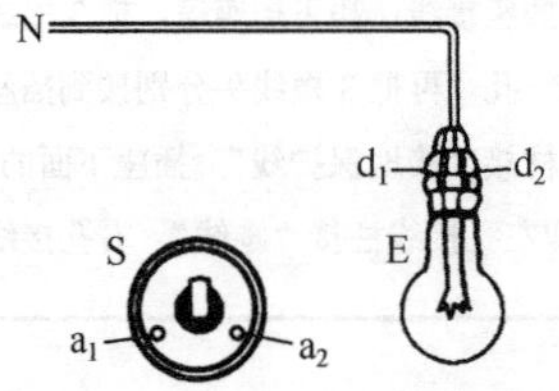	连接灯头的接线柱：把电源线的零线 N 接到灯头的接线柱 d_2 上，如下图所对应的粗实线 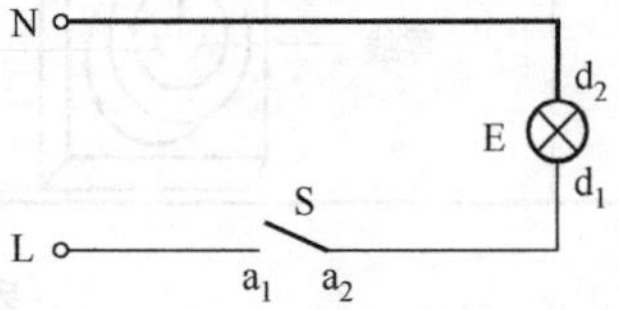
第二步	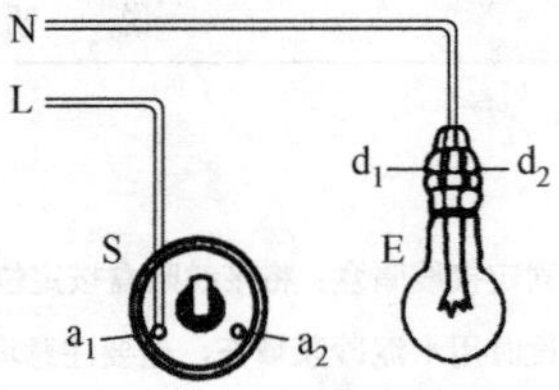	连接开关的接线柱：把电源线的相线 L 接到开关的接线柱 a_1 上，如下图所对应的粗实线 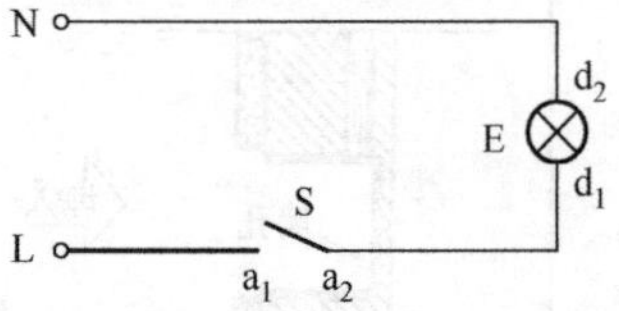
第三步	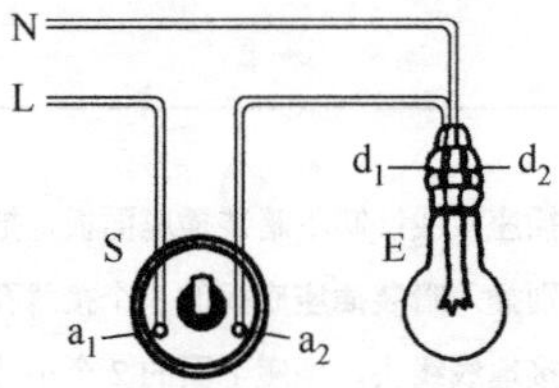	连接开关与灯头的另一接线柱：用导线连接灯头 E 的接线柱 d_1 与开关 S 的接线柱 a_2，如下图所对应的粗实线 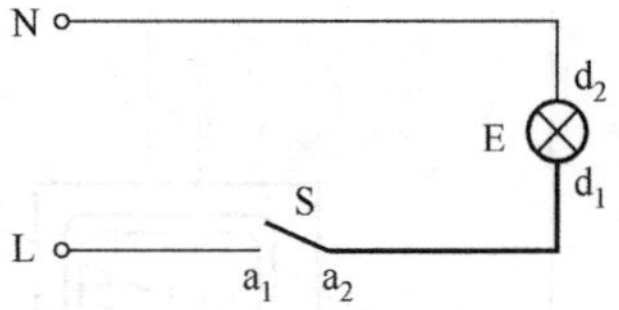

　　注：表图中，L 表示相线，N 表示零线；S 表示单联开关，a_1、a_2 表示单联开关接线柱；E 表示灯头，d_1 与 d_2 为 E 的灯头接线柱。

　　同理，在实际应用中，除最基本的照明控制线路外，还会碰到其他各种控制形式的照明电路，如一只单联开关控制两盏或多盏灯的形式。一只单联开关同时控制两盏灯的接线，见表 4-10 所列。

表 4-10　一只单联开关同时控制两盏灯的接线方法

步　骤	示　意　图	接线说明
第一步	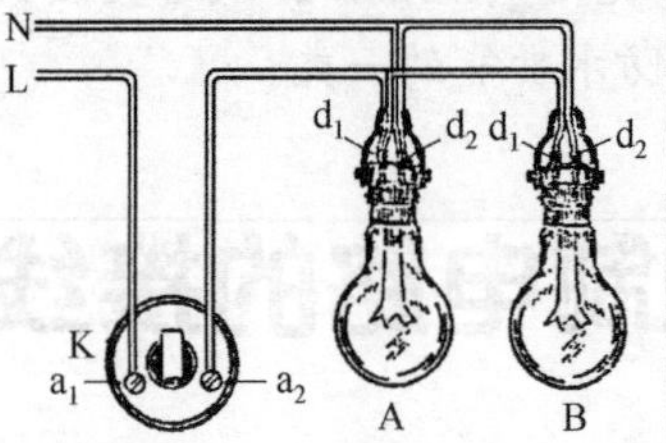	灯头线的连接：把电源线的零线 N 连续接到 A 灯头的接线柱 d_2 与 B 灯头的接线柱 d_2 上
第二步		开关线的连接：把电源线的相线 L 接到开关 K 的接线柱 a_1 上
第三步		开关与开关的连接：用导线从开关 K 的接线柱 a_2 按灯头的顺序连接 A 灯头的接线柱 d_1，再连接到 B 灯头的接线柱 d_1 上

温馨提示 ●●●●●

　　一只单联开关同时控制多盏（两盏以上）灯的接法，也可照此法进行，只需将要连带控制的灯和 A 灯并联即可。

2．两只单联开关分别控制两盏灯

两只单联开关在不同的地方分别控制两盏不同的灯（即两盏灯各由一只单联开关控制）的连接方法，见表 4-11 所列。

表 4-11　两只单联开关分别控制两盏灯的接线方法

接线步骤	示意图	接线说明
第一步		灯头线的连接：先把零线 N 从电源上引接到灯头 A 的接线柱 d_2 上，然后用另一段导线也接在灯头 A 的 d_2 上，接妥后，引接到灯头 B 的接线柱 d_2 上旋紧，如左图所示。这就是电工师傅们习惯上说的"灯头线始终进灯头"
第二步		开关线的连接：把相线 L 自电源上引来接在开关 K_1 的接线柱 a_1 上，然后用另一段线接在开关 K_1 的 a_1 上，再引接到开关 K_2 的接线柱 b_1 上旋紧，如左图所示。这就是电工师傅们习惯上说的"开关线始终进开关"
第三步		灯头与开关的连接：先丈量开关和灯头的距离，截取两段导线，然后把一段导线自开关 K_1 的 a_2 接线柱引到灯头 A 的 d_1 接线柱上。另一段导线自开关 K_2 的接线柱 b_2 引到灯头 B 的接线柱 d_1 上即可

温馨提示

图中 K_1、K_2 分别表示单联开关，a_1、a_2 和 b_1、b_2 分别是单联开关 K_1、K_2 的接线柱；A 和 B 分别表示灯头，d_1 与 d_2 是灯头 A 的接线柱。

3．两只双联开关同时控制一盏灯

安装这种控制线路需要一种特殊的开关——双联开关，如图 4-7（a）、（b）所示。它比单联开关多 1 个接线柱，共有 3 个接线柱，其中 1 个接线柱是动触点，另外 2 个为定触点，如图 4-7（c）所示。①和④分别为双联开关 S_1 和 S_2 的动触点，②和③、⑤和⑥分别为双联开关 S_1 和 S_2 的定触点。两只双联开关控制一盏灯的连接方法见表 4-12 所列。

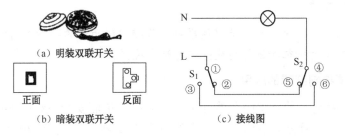

（a）明装双联开关

（b）暗装双联开关

（c）接线图

图 4-7　双联开关的使用

温馨提示 ●●●●●

电工师傅在电气照明控制中的习惯是：灯头线始终进灯头、开关线始终进开关。

表4-12 两只双联开关控制一盏灯的连接方法

步 骤	示 意 图	安 装 说 明
第一步	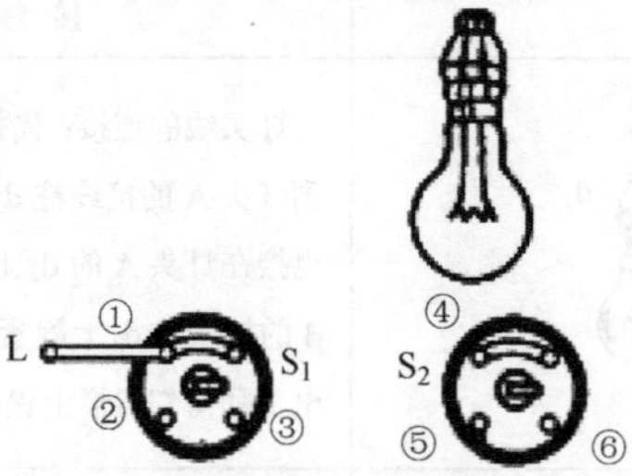	相线与开关1的连接：相线L接开关S₁的连铜片接线柱①，如下图所对应的粗实线，即电工师傅所说："相线L始终接开关" 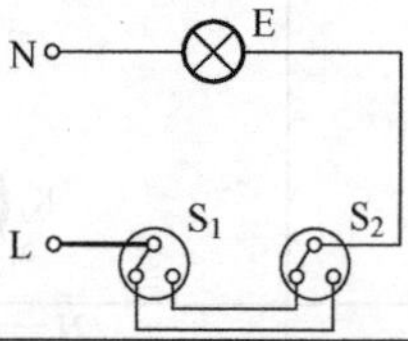
第二步	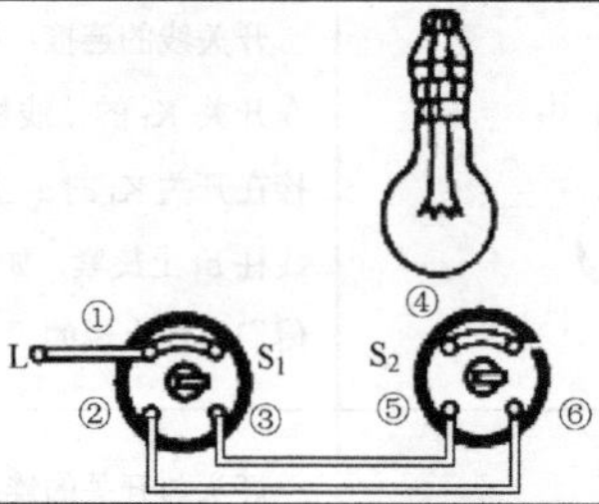	两开关线的连接：开关S₁接线柱②、③，分别连接开关S₂接线柱⑥和⑤，如下图所对应的粗实线 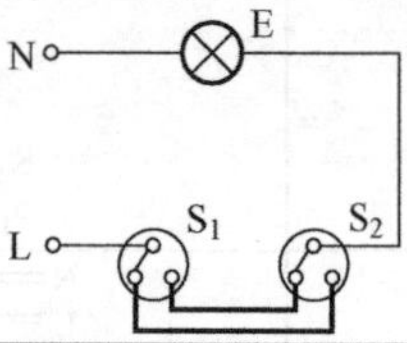
第三步	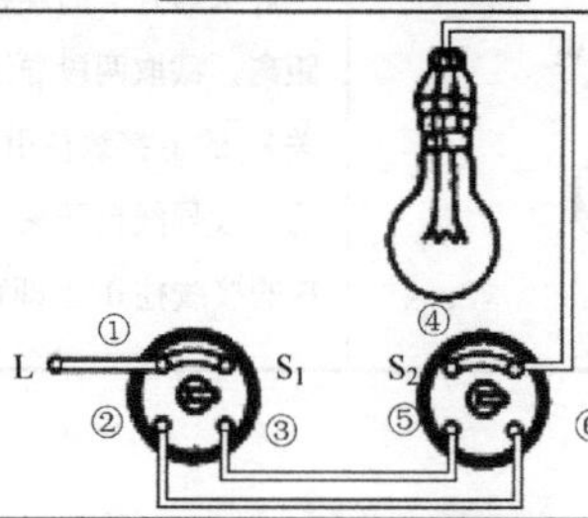	开关与灯头的连接：开关S₂连铜片接线柱④接灯头，如下图所对应的粗实线 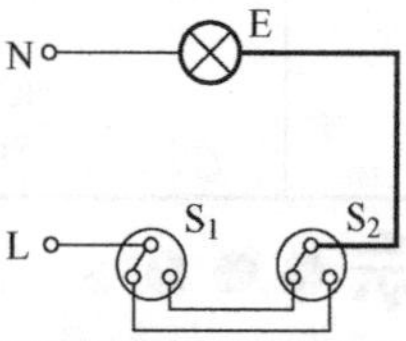
第四步	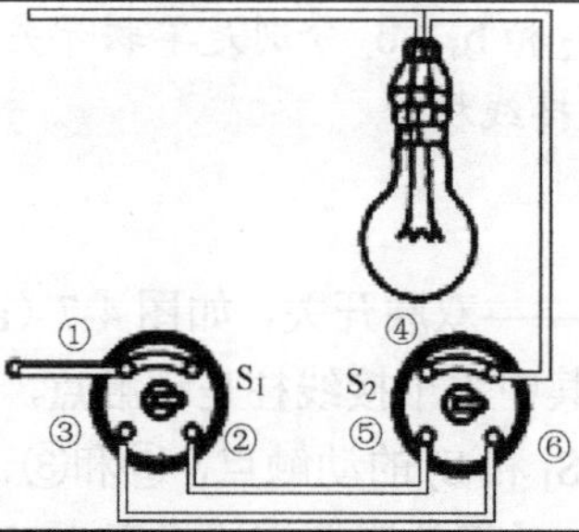	开关与零线的连接：灯头的另一端接零线N，如下图所对应的粗实线，即电工师傅所说："零线N始终接负载（如灯具）" 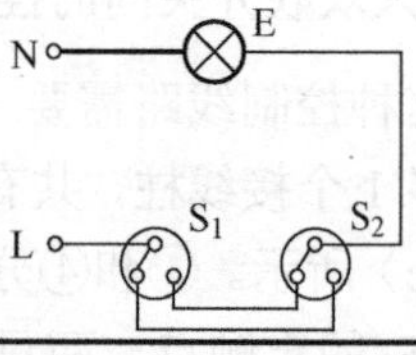

温馨提示 ●●●●●

当我们想象某事物时，就是捕捉该事物与头脑中经历过的事物之间的特征和属性的关系，而头脑中事物特征和属性的获得首先得靠观察。

4．楼道节能控制装置的应用

节能控制装置是一种新型的节能开关，它应用简单而安全。对白炽灯泡作为光源来说，平均每户每月分摊公共照明灯用电大约只有1度电，与长明灯相比较，节电效果可达80%。如果使用荧光节能灯或LED灯作光源，节电效果还将更加明显。因此，节能控制装置被广泛应用于住宅和办公楼室外的走廊、门厅、楼梯间、电梯间、过道等公共场所。常用的有触摸式延时开关、声控式延时开关、光控式开关，以及声光控式延时开关，见表 4-13 所列。

表 4-13 常见的节能开关

名　称	示　意　图	说　明
触摸式延时开关		触摸式延时开关在使用时，只要用手指摸一下触摸电极片，灯就点亮，延时 1min 左右灯会自动熄灭。此开关有 2 个接线端子，因而可以直接取代普通开关，不必更改室内原有布线，安装方便。 触摸式延时开关原理：触摸式延时开关利用的是与试电笔同样的原理，即在人体和电源间串联一个很大的电阻，这样，通过人体会形成一个低电压的电流（电压低，但电流并不一定小），最终流入大地，形成触发回路，这样，就可以触发延时开关开始计时，并接通电灯主回路，灯就亮了
声控式延时开关		声控式延时开关是利用声波控制的电源开关。当人们夜间回家时，只要吹一下口哨或拍一下手掌，电灯就能自动点亮一段时间，给生活带来不少方便。此开关与前面介绍的开关一样，对外也有两个接线端，可以直接取代普通开关。 声控式延时开关的原理：声控开关在白天的时候，光敏电阻的阻值较小。就会屏蔽掉咪头的信号输入。这样即使有很大的声音，但是因为光敏电阻的下拉导致信号无法继续传送，所以白天的时候不亮
光控式开关		光控开关能使白炽灯的亮灭跟随环境光线变化自动转换，在白天开关断开，即灯不亮；夜晚环境无光时闭合，即灯亮。此开关与前面介绍的开关一样，对外也有两个接线端，可以直接取代普通开关。 光控开关原理：光控开关是利用了一个光敏电阻，当遇到光照射时，电阻会发生改变（一般变小），从而达到控制电路的效果。它的"开"和"关"是靠可控硅的导通和阻断来实现的，而可控硅的导通和阻断又是受自然光（区分点）的亮度的大小所控制的。该装置也适合作为街道、宿舍走廊或其他公共场所照明灯，起到日熄夜亮的控制作用，以节约用电
声光控式延时开关		声光控制指利用声音以及光线的变化来控制电路实现特定功能的一种电子学控制方法。声光控制延时节电电路包括声控、光控传感元件、放大器和由 555 构成的单稳态延时电路及降压整流电路。产品接线有"两线制"（如 C571 等）和"三线制"（如 C571B 等）两种不同的接法。两线制接法与普通的开关接线一致，安装简易，性能可靠；部分特殊功能的节能灯头通过"三线制"接法实现，如带紧急消防功能的产品（如 C571B 等）。 声光控式延时开关的原理：它是一种内无接触点，在特定环境光线下采用声响效果激发拾音器进行声电转换来控制用电器的开启，并经过延时后自动断开电源的节能电子开关。 当白天或光线较强时，电路为断开状态，灯不亮，当光线黑暗或夜晚来临时，开关进入预备工作状态，此时，当来人有脚步声、说话声、拍手声等声源时，开关自动打开，灯亮，并且触发自动延时电路，延时一段时间后自动熄灭，从而实现了"人来灯亮，人去灯熄"，杜绝了长明灯，免去了在黑暗中寻找开关的麻烦，尤其是上下楼道带来的不便。广泛用于楼道、建筑走廊、洗漱室、厕所、厂房、庭院等场所，是现代极理想的新颖绿色照明开关，并能延长灯泡使用寿命

温馨提示 ● ● ● ● ●

① C571、C571M 声光控式延时开关采用二线制设计接线方式，C571B 声光控式延时开关采用三线制设计接线方式，安装时必须符合产品接线图。

② 产品可以一只开关负载多个灯泡（总功率不能大于 100W，负载是节能灯的不能大于 40W）。

③ 产品禁止短路或过载使用（C571B 在负载节能灯时，火线输入输出不可接反，否则节能灯会闪烁或损坏开关）。

节能开关的安装形式有明装与暗装两种，其接线方法又分"二线制"和"三线制"两种，一般在各自的产品使用说明书中都有标注。安装使用时，可根据产品或使用说明书中的要求进行装线。如图 4-8 所示是两种常见的接线图。

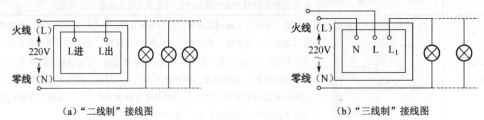

　　（a）"二线制"接线图　　　　　　　　　　　　　（b）"三线制"接线图

图 4-8　两种常见的接线图

住宅区或办公大楼走廊、通道节能开关的安装步骤，见表 4-14 所列。

表 4-14　节能开关的安装步骤

接线制	形式	步骤	示意图	说明
二线制	明装	第一步		用螺丝刀将底盖撬开
		第二步		将螺钉插入底盖孔，并固定在墙壁上
		第三步		将线槽门取下按接线图将导线锁紧在底盒的产品接线孔内

续表

接线制	形式	步骤	示 意 图	说 明
二线制	明装	第四步	底盖 墙面 底盒	将接好线的产品扣入墙壁的底盖，安装完毕
三线制	暗装		 暗盒　安装架　安装螺钉　面板 盖板	① 将暗盒埋入已凿制好的墙孔内，并加以固定。 ② 用一字螺丝刀撬开面板和盖板。 ③ 将削去绝缘层 8～10mm 的线头按接线图直接插入安装架后座接线孔内，并确认线头插到底，然后用一字螺丝刀或十字螺丝刀拧紧压线螺钉来压紧连接导线，即完成连接。 ④ 将接好线的安装架装入暗盒内，用安装螺钉锁紧在暗盒内对应的孔上，并套入盖板。 ⑤ 最后扣入面板，安装完毕

此外，节能控制装置（控制器）也在其他场合得到广泛的应用，如用于户外全自动路灯光控感应开关、防雨光感开关（如图 4-9 所示）等。总之，用于其他场合的控制装置有许多，其详情见产品说明书。

（a）户外全自动路灯光控感应开关　　　　　（b）防雨光感开关

图 4-9　用于其他场合的开关（控制器）

5．其他形式的控制电路连接方法

（1）电源插座与一盏灯的接线方法。电源插座与一盏灯的控制，即一只电源插座与一盏灯的接线方法，见表 4-15 所列。

表4-15　一只电源插座与一盏灯的接线方法

步　骤	示　意　图	安装说明
第一步		零线与灯头、插座的连接：将电源线的零线 N 分别接在灯头的接线柱 d_2 和插座接线柱 c_1 上，如左图所示
第二步		插座与开关的连接：将电源线的相线 L 连接到插座的接线柱 c_2 和开关的接线柱 a_2 上，如左图所示
第三步		开关与灯头、零线的连接：连接开关接线柱 a_1 与灯头接线柱 d_1，如左图所示

温馨提示 ● ● ● ● ●

　　表4-15 的图中 c_1、c_2 表示电源插座接线柱；a_1、a_2 表示单联开关接线柱；d_1、d_2 为灯头 A 的接线柱。

　　（2）电源插座与两盏（及两盏以上）灯的接线方法。电源插座与两盏（及两盏以上）灯的接线方法见表4-16所列。

表4-16　电源插座与两盏（及两盏以上）灯的接线方法

名　称	接线示意图	说　明
电源插座与两盏灯的接线方法		左图是一个电源插座和两只开关各控制一盏电灯的电路图。一般来说，图中的接线方法是安全、经济而又便于使用的。 　　电源插座与两盏灯的接线方法，参照上述方法进行
电源插座与两盏以上灯的接线方法		左图是三个电源插座和三只开关各自控制一盏电灯的电路图。接线的要点和电源插座与两盏灯的安装（连接）相同。 　　这种接线方法可应用在装置更多的插座和电灯的场合

温馨提示 ●●●●●

① 插座的安装位置要适当，避免儿童误碰或玩弄而发生危险。

② 插座在并联接法时，一个接线孔的接线柱接零线 N，另一个接线孔的接线柱接相线 L，即做到"插座左插孔接零线 N，右插孔接相线 L"。

任务三 基本灯具线路的安装

1. 室内灯具及其选用

（1）室内灯具的作用。所谓灯具是指透光、分配和改变光源分布的器具，它包括除光源之外的所有固定和保护光源所需要的全部零部件，如灯座、灯罩、灯架、开关、引线等。灯具的主要作用见表 4-17 所列。

表 4-17　灯具的主要作用

作　用	说　明
控制光分布	不同类型的灯具具有不同的控制光特性，因此在考虑不同场所照明时，应选用符合该场所要求的灯具
保护电光源	不仅起保护光源的作用，而且通过它也可以使光源产生的热量更有效地散发出去，避免光源及导线过早老化或损坏
电器、机械安全	确保光源在使用时的安全性和可靠性
美化装饰环境	随着灯具材料和制造水平的提高，灯具已不仅仅作为照明工具，而是室内外景观美化和装饰的必需品

（2）室内灯具的种类。室内常用灯具有壁灯、吸顶灯、吊灯、轨道灯、槽灯、艺术灯等，如图 4-10 所示。

壁灯

吸顶灯

吊灯

轨道灯

槽灯

艺术灯

图 4-10　常用的室内灯具

（3）室内灯具的要求。在选用时，为发挥室内灯具最大的效能，应了解它们（如壁灯、吸顶灯、吊灯、槽灯和射灯）所在场合（位置）的基本要求。室内灯具安装的基本要求见表 4-18 所列。

表 4-18　常用室内灯具的基本要求

名　称	说　明
壁灯	一般在卧室、门厅、浴室、厨房或更衣室、办公室、会议室，也用在工厂车间、饮食店、剧院、展览馆和体育馆等公共场所。 在选用时，对公共场所与卧室亮度的要求不太高，而对造型美观和装饰效果的要求较高
吸顶灯	一般为门厅、办公室、走廊、厨房、浴室、剧院、体育馆和展览馆等处提供基本照明。 在选用时，要注意机构上的安全（要考虑散热需要，以及拆装与维修的简便易行等问题），避免发生事故
吊灯	一般为起居室、卧室、书房、办公室、会议室、饮食店、剧院、会堂、宾馆等处提供基本照明。 在选用时，要注意造型美观、吊挂安全。公共建筑室内吊灯要有防止灯罩爆炸或滑掉的措施；民用室内的吊灯，最好能调节，如多火欧式吊灯，最好多用几条导线，以便根据需要开亮一定数目的灯
槽灯	一般多用于客厅、剧院观众厅、展览厅、会堂和舞厅等地方。槽灯照明可以达到扩大空间和创造安静环境的效果。 在选用时，要注意槽灯里的光源（白炽灯或荧光灯）的分布，以保证亮度的均匀
射灯	一般多用于各种展览会、博物馆和商店等地方。 在选用时，为了突出展品或商品、陈设品，往往使用小型的聚光灯照明

2. 白炽灯具的安装

（1）壁灯的安装。壁灯如图 4-11 所示，壁灯的安装的步骤及说明见表 4-19 所列。

图 4-11　壁灯

表 4-19　壁灯的安装步骤及说明

步　骤	示　意　图	说　明
第一步		在选定的壁灯位置上，沿壁灯座画出其固定螺孔位置。用钢凿或 M6 冲击钻钻头打出与膨胀管长度相等的膨胀管安装孔
第二步		用手锤将膨胀管敲入安装孔内
第三步		将木螺钉穿过安装座（架）的固定孔，并用螺丝刀将木螺钉拧紧，如左图所示

步　骤	示　意　图	说　明
第四步		壁灯电源引入灯座后，刨削出导线线头，接入壁灯灯头，注意壁灯的安装高度，一般要求如左图所示
第五步	95～400　1140～1850　单位：mm	检查安装完毕后，将灯泡装入灯座、灯罩固定在灯架上
第六步		合闸通电试验

温馨提示 ●●●●●

壁灯安装注意事项：

①自觉遵守实训纪律，注意安全操作。②灯座装入固定孔时，要将灯座放正。③在固定灯罩时，固定螺钉不能拧得过紧或过松，以防螺钉损坏灯罩。

（2）吸顶灯的安装。吸顶灯如图4-12所示。吸顶灯安装步骤及说明见表4-20所列。

图4-12　吸顶灯

表4-20　吸顶灯的安装步骤及说明

步　骤	示　意　图	说　明
第一步	预制板孔　小木块	先找出孔洞部位，用钢凿或冲击钻在孔洞部位打一个直径为40mm的小孔，将多孔板中的电源线引出孔外
第二步	预制板　细铁丝	在小木块中心用木螺钉旋出一个孔，并在木块中心部位扎上一根细铁丝，如左图所示。斜插入凿好的多孔板内，将木块上的细铁丝引出孔外，木块不要压住电源线
第三步		用木螺钉穿过吸顶灯金属架固定孔，导线穿过吸顶灯金属架线孔，右手拉住木块上细铁丝和吸顶灯金属架，左手用螺丝刀将木螺钉对准木块上的螺钉拧紧，如左图所示
第四步		剖削导线并接入吸顶灯金属架的灯座，装好灯泡和吸顶灯罩
第五步		检查安装完毕后，合闸通电试验

温馨提示 ●●●●●

吸顶灯安装注意事项:

① 固定小木块时,应防止木块压住电源的绝缘层,以防发生短路事故。

② 安装吸顶灯灯罩时,灯罩固定螺钉不能拧得过紧或过松,以防螺钉顶破灯罩。

③ 高处安装时,应注意安全操作,站的位置要牢固平稳。

(3)吊灯的安装。吊灯如图4-13所示,吊灯安装步骤及说明见表4-21所列。

图4-13 吊灯

表4-21 吊灯的安装步骤及说明

步 骤	示 意 图	说 明
第一步		确定吊灯的安装位置
第二步		用钢凿或冲击钻在孔洞部位打一个直径为23mm左右的小圆孔,将吊灯电源线引出孔外
第三步		将吊钩撑片插入孔内,用手轻轻一拉,使撑片与吊钩面垂直,或成"T"字形,并沿着多孔板的横截面放置。在安装时,多用吊钩不要压住导线
第四步		将垫片、弹簧片、螺母从吊钩末端套入并拧紧,如左图所示
第五步	550~1000 (500~750) 870 民居客厅 φ450~500 卧室 φ250~450 公共建筑门厅 φ600~1200 2130 1740 单位: mm	将吊灯杆挂在吊钩上,并将多孔板上的电源引出线与吊灯杆上的引出线连接,用绝缘胶布包扎,固定好灯杆脚罩,注意吊灯的安装高度,一般要求如左图所示
第六步		检查安装完毕后,合闸通电试验

吊灯安装注意事项：

① 吊灯应装有挂线盒。吊灯线的绝缘必须良好，并不得有接头。

② 在挂线盒内的接线应采取措施，防止接头处受力使灯具跌落。超过1kg的灯具须用金属链条吊装或用其他方法支持，使吊灯线不承力。吊灯灯具超过3kg时，应预埋吊钩或螺栓。

3. 荧光灯具的安装

1）荧光灯具及其配件

荧光灯具简称荧光灯（日光灯），主要由灯管、灯座、镇流器、启辉器等部件组成，如图4-14所示。

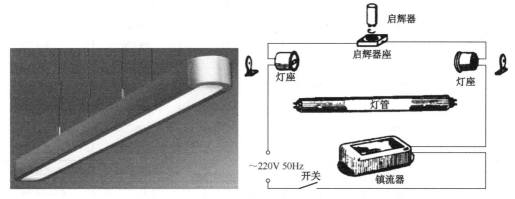

图4-14　荧光灯具的主要组成部件

（1）荧光灯灯管。灯管是一根直径为15~40.5mm的玻璃管。两端各有一个灯丝，灯管内充有微量的氩气和稀薄的汞气，内壁上涂有荧光粉。两个灯丝之间的气体导电时发出紫外线，使涂在管壁上的荧光粉发出柔和的近似日光色的可见光。表4-22所列是荧光灯灯管的主要技术参数。荧光灯灯管的外形尺寸如图4-15所示。

表4-22　荧光灯灯管的主要技术参数

灯管型号	光电参数额定值					外形尺寸			额定寿命/h
	功率/W	工作电流/mA	预热电流/mA	工作电压/V	光通量/lm	L_1/mm	L/mm	d/mm	
RG6	6	135±15	180±20	50±6	210	212	227	15	≥2000
RG8	8	145±15	200±20	60±6	325	287	302	15	
RG15	15	320±25	440±30	50±6	580	436	451	38	≥3000
RG20	20	350±30	500±30	60±6	970	589	604	38	
RG30	30	320±25	530±30	108±9	1700	894	909	25	
RG30（细管）	30	350±30	560±30	89±9	1550	894	909	38	
RG40	40	410±35	650±30	108±9	2440	1200	1215	38	

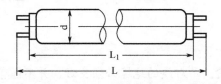

图 4-15 荧光灯灯管的外形尺寸

（2）镇流器。镇流器是一个带铁芯的电感线圈，它有两个作用：一是在启动时与启动器配合，产生瞬时高压点亮灯管；二是在工作时利用串联于电路的高电抗限制灯管电流，延长灯管使用寿命。表 4-23 所列是镇流器的主要技术参数。

表 4-23 镇流器的主要技术参数

规格/W	工 作 状 态		启 动 状 态		功率耗损/W
	电压/V	电流/mA	电压/V	电流/mA	
6	202	140-20	215	180±20	≤4
8	200	160-20	215	200±20	≤4
15	202	330-30	215	440±30	≤7
20	196	350-30	215	460±30	≤7.5
30（细管）	163	320-30	215	530±30	≤7
30	180	360-30	215	560±30	≤7
40	165	410-30	215	650±30	≤8

规格/W	线径/mm	匝数/T	铁芯截面积/cm^2	磁隙长度/mm
6	0.19～0.20	2200～2400	2.5	0.03～0.08
8	0.19～0.20	2200～2400	2.5	0.05～0.10
15	0.31～0.33	1360～1420	4.5	0.10～0.15
20	0.31～0.33	1360～1420	4.5	0.15～0.25
30（细管）	0.34～0.35	1360～1420	4.5	0.25～0.35
30	0.34～0.35	1360～1420	4.5	0.25～0.35
40	0.34～0.35	1360～1420	4.5	0.30～0.45

（3）启辉器。启辉器主要是一个充有氖气的小玻璃泡，里面装有两个电极，一个是固定不动的静触片，另一个是用双金属片制成的 U 形动触片。平时启辉器的动触片与静触片分开。它与氖泡并联的纸介电容容量为 5000pF 左右，其作用有：一是与镇流器线圈组成 LC 振荡回路，能延长灯丝预热时间和维持脉冲放电电压；二是能吸收收录机、电视机等电子设备的干扰杂波信号。

2）荧光灯具的组装

荧光灯的安装有吊挂式、吸顶式和钢管式 3 种方式。荧光灯的基本电路图如图 4-16 所示。荧光灯的安装以吊挂式直管荧光灯具为例，其安装与接线的步骤见表 4-24 所列。

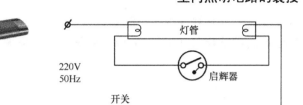

图 4-16　荧光灯的基本电路图

表 4-24　吊挂式直管荧光灯的安装与接线

步　骤	示　意　图	说　明
第一步 灯座和启辉器座 的安装		把 2 只灯座固定在灯架左右两侧的适当位置（以灯管长度为标准），再把启辉器座安装在灯架上
第二步 灯座与启辉器接线		用单导线（花线或塑料软线）连接灯座大脚上的接线柱 3 与启辉器的接线柱 6，启辉器座的另一个接线柱 5 与灯座的接线柱 1 也用单导线连接
第三步 镇流器接线		将镇流器的任一根引出线与灯座的接线柱 4 连接
第四步 电源线的连接		将电源线的零线与灯座的接线柱 2 连接
第五步 安装启辉器		将启辉器装入启辉器座中
第六步 安装灯管和 悬挂荧光灯		将灯管装入灯座中，保证它们的良好接触，并装好链条，将荧光灯悬挂在天花板上，如左图所示。最后通过开关将两根引线分别与相线、零线接好，即完成荧光灯的安装工作

温馨提示

　　① 荧光灯及其附件应配套使用，应有防止因灯脚松动而使灯管坠落的措施，如采用弹簧灯脚或用扎线把灯管固定在灯架上。

　　② 荧光灯不得紧贴在有易燃性的建筑材料上，灯架内的镇流器应有适当的通风装置。

　　③ 嵌入顶棚内的荧光灯安装应固定在专设的框架上，电源线不应贴近灯具的外壳。

④ 环形和 U 形荧光灯接线图如图 4-17 所示。

⑤ 其他形式的节能灯（如图 4-18）的接线，参照前面典型控制线路的接线方法进行操作。

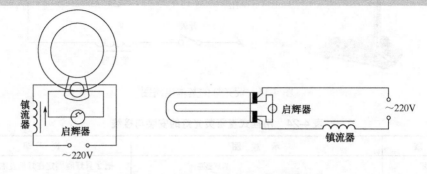

（a）环形荧光灯　　　　　　　（b）U 形荧光灯

图 4-17　环形和 U 形荧光灯接线图

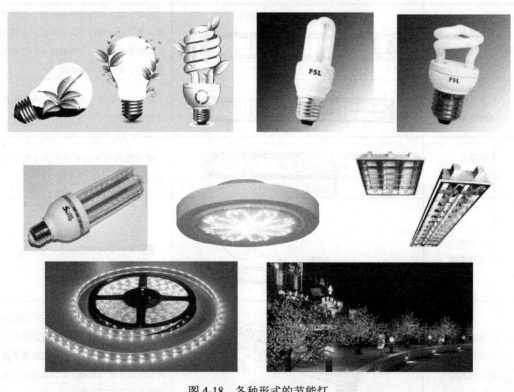

图 4-18　各种形式的节能灯

任务四　灯具线路故障及解决方法

电气照明线路在工作过程中，由于各种原因，往往会发生这样或者那样的故障，只有仔细观察、认真分析、及时处理，才能确保人身安全和灯具的正常使用。

1. 白炽灯线路故障及解决方法

白炽灯的光效较低（与 LED 灯比能耗大），由于它价格便宜、启动快、线路简单、光色和集光性能好，所以是目前家庭照明中仍被广泛应用的一种电光源。白炽灯在使用过程中，难免会出现这样或那样的故障，因此，当它发生故障时，就应该仔细观察、认真分析、及时排除。

1）白炽灯线路故障寻迹图

白炽灯线路（其他照明线路雷同）的故障寻迹图如图 4-19 所示。

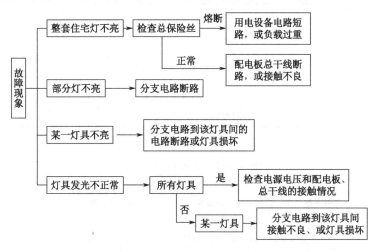

图 4-19　灯具线路故障寻迹图

2）白炽灯常见故障与分析

白炽灯在使用过程中，难免会发生故障，这时应仔细观察、认真分析，及时而正确地排除故障。常见故障一般有短路故障、断路故障和漏电故障 3 类。

（1）短路。短路是指电流不经过用电设备而直接构成回路，也叫碰线。在日常生活中，一些可以避免短路的情况见表 4-25 所列。短路故障检修流程如图 4-20 所示。

表 4-25　一些可以避免短路的情况

现　象	示　意　图	原　因
线头松脱相碰		灯座、灯头、吊线盒、开关内的接线柱螺钉松脱或没有把绞合线拧紧，致使铜丝散开，线头相碰
违章作业		违章作业，未用插头就直接把导线线头插入插座，致使线头相碰

续表

现　象	示　意　图	原　因
导线短路	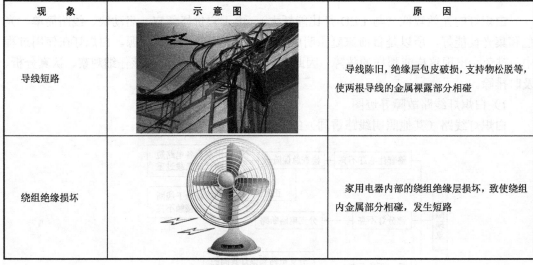	导线陈旧，绝缘层包皮破损，支持物松脱等，使两根导线的金属裸露部分相碰
绕组绝缘损坏		家用电器内部的绕组绝缘层损坏，致使绕组内金属部分相碰，发生短路

灯具线路短路

检查总保险丝和支路保险丝

（支路保险丝熔断）

断开支路开关，拨去支路用电设备的所有插头、分离灯具开关

更换支路保险丝，再跨接1只100W校验灯后，合上支路开关

（依次合上灯具的开关，同时观察校验灯）

当闭合某一只开关后校验灯亮，说明该灯的控制线路短路

图 4-20　灯具线路短路故障检修流程

（2）断路。断路是指线路断开或接触不良，使电流不能形成回路。在日常生活中，一些可以避免断路的情况，见表 4-26 所列。断路故障检修流程，如图 4-21 所示。

表 4-26　一些可以避免断路的情况

现　象	示　意　图	原　因
灯头线未拧紧，脱离接线柱		灯头线未拧紧，脱离接线柱，产生断路
灯头、灯座的接合缺口损坏	良好　损坏 损坏	接合稍损坏或灯头和灯座的接合缺口断裂脱落，造成断路
开关接触不良		开关触点烧蚀或弹簧弹性下降，致使开关接触不良

现　象	示意图	原　因
保险丝熔断		小截面导线因严重过载而损坏，或保险丝熔断
导线线头脱落		保险丝盒或闸刀开关的螺丝未拧紧，致使电源线线头脱开
违章使用		导线受外物撞击、勾拉而损伤或被老鼠咬断，使导线断路

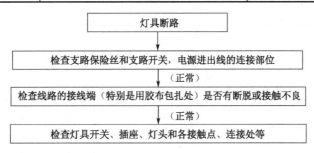

```
            ┌──────────────┐
            │   灯具断路     │
            └──────────────┘
                    │
  ┌─────────────────────────────────────────┐
  │ 检查支路保险丝和支路开关，电源进出线的连接部位 │
  └─────────────────────────────────────────┘
                    │（正常）
  ┌─────────────────────────────────────────────┐
  │ 检查线路的接线端（特别是用胶布包扎处）是否有断脱或接触不良 │
  └─────────────────────────────────────────────┘
                    │（正常）
  ┌─────────────────────────────────────────┐
  │ 检查灯具开关、插座、灯头和各接触点、连接处等 │
  └─────────────────────────────────────────┘
```

图 4-21　灯具线路断路故障检修流程

（3）漏电。漏电是指部分电流没有经过用电设备而白白漏跑。在日常生活中，一些可以避免漏电的情况，见表 4-27 所列。漏电故障检修流程，如图 4-22 所示。

表 4-27　一些可以避免漏电的情况

现　象	示意图	原　因
导线漏电		导线绝缘层老化，或线路遭受化学腐蚀，而造成漏电
线头包扎不当漏电		线头包扎不符合要求，而造成漏电

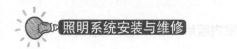

续表

现　象	示　意　图	原　因
电器外壳漏电		电器外壳损坏或所选用材料质量不符合要求，而造成漏电

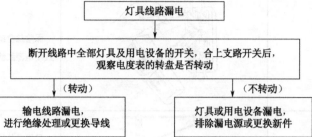

图 4-22　灯具线路漏电故障检修流程

3）白炽灯具常见故障速查表

白炽灯具常见故障及其处理方法的速查表，见表 4-28 所列。

表 4-28　白炽灯具常见故障及其处理方法的速查表

故障现象	原　　因	排　除　方　法
灯不亮	（1）灯泡损坏或灯头引线断线。 （2）开关、灯座（灯头）接线松动或接触不良。 （3）电源保险丝烧断。 （4）线路断路或灯座（灯头）导线绝缘损坏而短路	（1）更换灯泡或检修灯头引线。 （2）查清原因，加以紧固。 （3）检查保险丝烧断原因，更换保险丝。 （4）检查线路，在断路或短路处重接或更换新线
灯泡忽亮忽暗或忽亮忽熄	（1）开关处接线松动。 （2）保险丝接触不良。 （3）灯丝与灯泡内的电极虚焊。 （4）电源电压不正常或有大电流、大功率的设备接入电源电路	（1）查清原因，加以紧固。 （2）同上。 （3）更换灯泡。 （4）采取相应措施，如加装稳压电源或去掉不符合要求的用电设备
灯光强白	（1）灯泡断丝后灯丝搭接，电阻减小引起电流增大。 （2）灯泡额定电压与电源线路电压不相符	（1）更换灯泡。 （2）更换相符灯泡
灯泡暗淡	（1）灯泡使用寿命终止。 （2）灯泡陈旧，灯丝蒸发后变细，电流减小。 （3）电源电压过低	（1）更换灯泡。 （2）更换灯泡。 （3）采取相应措施，如加装稳压电源或待电源电压正常后再使用

2．荧光灯线路故障及解决方法

荧光灯是家庭照明中又一种电光源。荧光灯具有光效高、显色性能好、使用寿命长、价格较低等特点，成为适合多用途的电光源。在荧光灯使用中，由于其内因或外因（如质量优劣、电源电压的波动、接线方法和线路中连接点接触不良等），都使荧光灯出现各种各样的故障。因此，就要根据它出现的各种现象认真分析、抓住实质、排除故障，才能保证荧光灯的正常发光。

1）荧光灯线路故障寻迹图

荧光灯线路故障寻迹图，如图 4-23 所示。

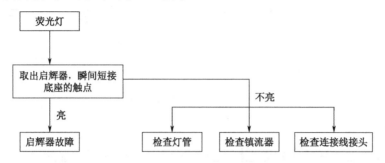

图 4-23 荧光灯线路故障寻迹图

2）荧光灯常见故障与分析

（1）荧光灯不发光。荧光灯具接入电路后，如果启辉器不跳动，灯管两端和中间都不亮，说明荧光灯管没有工作，其故障原因有以下几种。

① 供电部门因故停电，电源电压太低或线路压降过大。

② 电路中有断路或灯座与灯脚接触不良。

③ 灯管断丝或灯脚与灯丝脱焊。

④ 镇流器线圈断路。

⑤ 启辉器与启辉器座接触不良等。

故障检查步骤如下：

首先用万用表的交流 250V 挡位检查电源电压。若电源电压正常，则进一步检查启辉器两端的电压，检测线路如图 4-24 所示。如果没有万用表，也可以用 220V 串灯检查。

用万用表检测时，先将启辉器从启辉器座中取出（逆时针转动为取出，顺时针转动为装入）此时万用表的读数即为电源电压；用串灯检查时，灯泡能发光说明电路没有断路，而是启辉器故障，应更换启辉器。

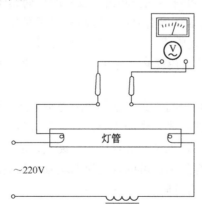

图 4-24 灯管压降的测试

如果用万用表测不出电压，或串灯检查时灯泡不发光，故障可能是荧光灯座与灯脚接触不良。转动荧光灯管，如果仍不能使荧光灯发光，应将灯管取下进一步检查两端的灯丝是否完好。检查线路如图 4-25 所示，可用万用表测量，也可用串灯法进行检查。

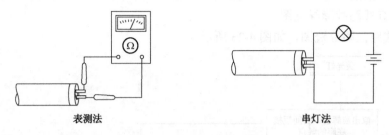

表测法 串灯法

图 4-25 灯丝通断的检查

温馨提示 ●●●●●

　　如果万用表低阻挡的读数接近表 4-29 中的对应数值，或串灯能发光，说明荧光灯管灯丝完好。由于各生产厂的设计、用料不完全相同，表中所列灯管灯丝的阻值范围仅供参考，不作为质量标准。

表 4-29 常用规格灯管灯丝的冷态直流电阻值

灯管功率（W）	6～8	15～40
冷态直流电阻值（Ω）	15～18	3.5～5

　　用导线搭接启辉器座上的两个触点，如果能使荧光灯管点亮，说明启辉器有故障或启辉器与启辉器座接触不良；如果用导线搭接后灯管仍不能点亮，就需要检查镇流器。表 4-30 是镇流器正常的冷态直流电阻值。

表 4-30 镇流器正常的冷态直流电阻值

镇流器规格（W）	6～8	15～20	30～40
冷态直流电阻值（Ω）	80～100	28～32	24～28

温馨提示 ●●●●●

　　由于各生产厂的设计、用料不完全相同，表中所列的镇流器阻值范围仅供参考，不作为质量标准。如果故障是启辉器引起的，可打开启辉器外罩进行检查。观察启辉器氖泡的外接线是否脱焊（如发现脱焊，则重新焊牢），或氖泡是否烧毁（如发现烧毁，则更换）。如果更换启辉器后仍不能使荧光灯发光，说明启辉器与启辉器座接触不良，加以紧固即可。

　　（2）荧光灯灯管两头发亮中间不亮。这种故障通常有两种现象。一是合上开关后，灯管两端发出像白炽灯似的红光，中间不亮，灯丝部分也没有闪烁现象，启辉器不起作用，灯管不能正常点亮。这种现象说明灯管已慢性漏气，应更换灯管。另一种现象是灯管两端发亮，而中间不亮，在灯丝部位可以看到闪烁现象。其故障原因可能有以下两种。

　　① 启辉器座或连接导线有故障。

　　② 启辉器故障。

　　故障检查步骤如下：

　　如果取出启辉器后仍只有灯管两端发亮，则可能是连接导线或启辉器座有短路故障，应进行检修，如果取出启辉器后，用导线搭接启辉器座的两个触点时灯管能正常点亮，说明是启辉器故障。此时，可把启辉器的外罩打开，用万用表的电阻挡位测量小电容器是否短路。测量时，先烫开 1 个焊点，若表针指到零位，说明小电容器已击穿，需换上 1 只 0.005mF 的纸介质电容器。如果一时没有替换的电容器，可除去小电容器，启辉器还能暂时使用。若小电容器是完好的，而氖泡内双金属片与静触点搭接，应更换启辉器。

（3）荧光灯灯光跳动而不亮。灯管接上电源后，如果启辉器的氖泡灯光频繁跳动，而灯管不能正常发光或者很久才能点亮。

这种现象由以下原因引起：

① 电源电压低于荧光灯管的启动电压（额定电压 220V，最低的启动电压为 180V）。

② 灯管衰老。

③ 镇流器与灯管不配套。

④ 启辉器故障。

⑤ 环境温度太低，管内气体难以电离。

故障检修步骤如下：

先用万用表测量电源电压是否低于荧光灯管的额定电压。如果故障不是由于电源电压或气温过低等原因造成的，那么就要考虑灯管及其主要附件的质量问题。若灯管使用时间较长，灯丝发射电子的能力就会降低，因而难以启动。如果换上新灯管后仍不能正常点亮，就要进一步检查镇流器是否与灯管配套。

另外，如果启辉器的质量不好，使得瞬间所产生的脉冲电动势不够高，或启辉电压低于灯管的工作电压，灯管也难点亮，或者点亮后也不能稳定发光。此时，可将启辉器的两个触点调换方向后插入座内（等于改变了双金属片的接线位置），如果灯管仍不能点亮，就要更换启辉器。

温馨提示 ● ● ● ●

要注意的是，当启辉器灯光长时间跳动而荧光灯不能正常工作时，应迅速检修排除，否则会影响荧光灯灯管的使用寿命。

（4）荧光灯灯管出现螺旋形光带。荧光灯正常启动点亮时，如果灯管内出现螺旋形光带（打滚），故障原因可能有以下几种。

① 灯管本身问题。

② 镇流器工作电流过高。

故障检修时应注意以下两个方面：

当出现螺旋形光带，说明灯管内的气体不纯或出厂前老化不够，通常只要在反复启动几次即可消除。

当新灯管工作数小时后才出现螺旋形光带，而且反复启动也不能消除，说明灯管质量不好，应更换灯管。

温馨提示 ● ● ● ●

如果更换新灯管后仍出现这种现象，说明镇流器可能有故障，需要检修或更换镇流器。

（5）荧光灯灯管有眩光。荧光灯接入 50Hz 的单相交流电源时，流经灯管的电流在 1s 内要波动 100 次，而光能的输出是随电流周期性变化而变化的，这就引起了眩光。荧光灯的眩光现象与镇流器的参数有关，因此要选用质量较好的镇流器。若镇流器质量不好，参数选配不当，会使荧光灯灯管的眩光加剧。图 4-26 所示中，U 代表电源电压的波形，I 代表通过灯管电流的波形（虚线），当镇流器的电路增大而电抗却减小时，在电流等于零的瞬间，反向电压 ΔU_1 还很小，不足于引起反向放电，而要延迟 Δt 一段时间，待电压升高到 ΔU_2 时才能进行反向放电。显然，在这种情况下，通过灯管的电流每周期要有两次在 Δt 时间内是间断的，这就加剧了灯管的眩光现象。

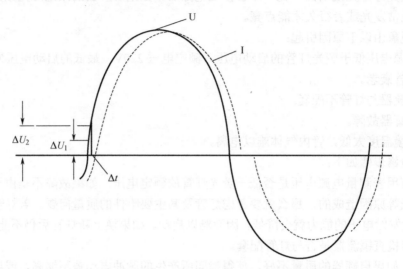

图 4-26 镇流器参数选配不当，会加剧灯管的眩光现象

温馨提示

新灯管的眩光现象是暂时的，一般只要多启动几次荧光灯或使用一段时间后，就会自动消除。如果需要多支荧光灯同时使用，通常是把灯管分别接在不同的相线上，利用交流电的相位差来减弱眩光。

（6）电源关掉后，荧光灯灯管两端仍有微光。电源关掉后灯管两端仍有微光的原因有以下几种。

① 接线错误。

② 开关漏电。

③ 新灯管的余晖现象。

故障检修时应注意以下几点：

① 如果开关接在零线上，即使开关没有闭合，灯管一端仍与相线接通。由于灯管与墙壁间存在电容效应，在中性点接地的供电系统中，灯管会出现微光，这时只要将开关改接在相线上就可以消除。

② 如果接线正确，要检查开关是否漏电，并加以更换或修复，否则会严重影响灯管的使用寿命。

③ 如果接线正确，在断开电源后仍有微光，但不久便能自动消失，这是灯管内壁的荧光粉在高温工作后的余晖现象，不会影响灯管的正常使用。

（7）荧光灯的镇流器过热。荧光灯的镇流器在使用中如出现过热或绝缘物外溢，原因可能有以下几种。

① 镇流器质量较差。

② 电源电压过高。

③ 启辉器故障。

检修时用万用表检查荧光灯电路的电流（即镇流器的工作电流）。如镇流器阻抗发生变化或线圈有短路，会造成电流过高。应调换镇流器；如镇流器阻抗符合标准，电源电压也正常，则应检查启辉器。当启辉器中的小电容器短路或氖泡搭接时，电路中流过的电流就成为荧光灯的预热电流，长时间处于这种状态就会造成镇流器过热而烧毁线圈。

（8）荧光灯灯管寿命短。如果荧光灯管的使用寿命低于额定时间（正常寿命为 2500 小时以上），原因可能有以下几种。

① 电源电压不适合。

② 开关频繁而引起过多闪光。

③ 接触不良。

温馨提示 ● ● ● ●

在维修时，首先检查镇流器上所标明的数额是否与电源电压相等，然后检查线路，注意灯座、灯管、启辉器等安装是否牢固，接触是否良好，同时，还要尽量减少荧光灯的开关次数。

（9）荧光灯灯管亮度减低。如果荧光灯管使用一段时间后，亮度明显减低，原因可能有以下几点。

① 灯管使用时间过长或灯管外积灰尘过多。

② 环境温度过地或过高。

③ 电源电压偏低。

故障检修时应注意以下几点：

① 如果荧光灯管使用已久，可以更换灯管。

② 如果灯管外面积灰尘过多，应用干毛巾或掸子擦净。

③ 如果环境温度很低时，应设法对灯管加以保护，注意避免冷风直吹；如果外界温度过高，则应设法改善灯架的通风，防止灯管过热。

④ 如果电源电压过低，应加装升压器。

3）荧光灯常见故障速查表

荧光灯常见故障及其处理方法的速查表，见表 4-31 所列。

表 4-31　荧光灯常见故障及其处理方法的速查表

故 障 现 象	原　　因	处 理 方 法
灯管不发光	① 供电线路开路或接触不良。 ② 元器件开路或接触不良。 ③ 电源电压太低	① 排除故障或修理。 ② 修理或更换。 ③ 调整到适当电压或加装稳压器
灯管两头发红但不启辉	① 启辉器内氖泡短路。 ② 电源电压太低。 ③ 气温太低。 ④ 灯管老化	① 修理或更换。 ② 调整到适当电压或加装稳压器。 ③ 升温。 ④ 更换

续表

故障现象	原　因	处理方法
灯管启辉困难，两端不断闪	① 电源电压太低。 ② 气温太低。 ③ 灯管老化。	① 调整到适当电压或加装稳压器。 ② 升温。 ③ 更换。
灯管亮度变低或显色性差	① 气温太低。 ② 电源电压太低。 ③ 灯管老化。	① 升温。 ② 调整到适当电压或加装稳压器。 ③ 更换。
灯管闪烁	① 启辉器损坏。 ② 线路接触不良	① 更换。 ② 修理
有嗡嗡声	① 镇流器质量不好。 ② 元器件连接或螺丝松动	① 更换。 ② 修理或更换
镇流器过热	① 镇流器质量差。 ② 电源电压过高	① 更换。 ② 调整到适当电压或加装稳压器
灯管跳不起（不亮）	① 电源电压太低。 ② 灯管老化。 ③ 镇流器与灯管不配套。 ④ 启辉器故障	① 调整到适当电压或加装稳压器。 ② 更换。 ③ 更换。 ④ 修理或更换
电源切断后，灯管两端仍有微光	① 线路错误。 ② 开关漏电	① 重接。 ② 更换

温馨提示 ●●●●●

荧光灯在使用中的几个问题：

① 镇流器与灯管的配套问题。使用荧光灯照明时，必须注意荧光灯灯管与镇流器功率的配套关系，在额定电压、额定频率的情况下，40W 灯管要与 40W 的镇流器配套，30W 灯管要与 30W 的镇流器配套，以此类推。不能混乱相配，因为不同规格镇流器的电气参数是根据灯管要求设计制作的，只有很好配合使用，才能达到最理想的效果。

② 接线方式对启动的影响问题。在荧光灯照明的基本电路中，主要有镇流器和启辉器两个附件。一般认为接线时只要按荧光灯的工作原理图把导线连接起来就可以了，这样简单的电路不需要再考虑其他什么因素。其实不然，在接入电路时，灯管、镇流器和启辉器三者之间的相互位置对荧光灯启动性能是有影响的。在图 4-27 中有 4 中接线方式，在正常电压下虽然都能够使荧光灯工作，但其启动性能不是等效的。试验表明，以第四种电路为最正确，它有最好的启动性能。因为镇流器接在相线（俗称火线）上并与启辉器中的动触点（即双金属片）相连接，可以得到较高的脉冲电势。而第一种电路为最差，因为镇流器的位置既没有接在相线上，也没有与启辉器中的双金属片相连接。因此，安装镇流器时应考虑到这些问题。

③ 环境温度对启动的问题。荧光灯照明最适合的环境温度在 18～25℃之间，温度过高或过低时，只有靠惰性气体游离来启辉，而惰性气体要比水银原子的游离电压高得多。所以需要较高的电压才能使灯管放电点燃。如在冷天时，由于使用荧光灯的环境温度较低，启动就困难，而且点燃后发光效率低，光色暗淡。反之，如果环境温度太高，灯管内的水银蒸汽压力太高，管内游离质子的碰撞就加剧，能量损失较大，所以也比较

难启动。因此在使用荧光灯时应注意环境温度的影响。由实验得知,当环境温度低于-10℃时,启动电压需要250V;当环境温度高于50℃时,启动电压需要200V。对比起来,环境温度过高比过低启动会容易些,但荧光灯启动最适合的环境温度在18～25℃,此时的启动电压只需要180V左右。

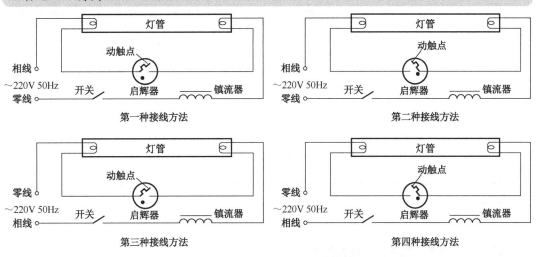

图4-27 荧光灯接线方式对启动的影响

3. LED 灯的故障及解决方法

LED 灯以其亮度大、耗能低、寿命长等特点,逐步占领当今电灯市场。一般来说,市场上出售的家用 LED 灯是很难发生问题的,在 LED 灯的问题中,不外乎三种毛病:灯不亮、灯变暗、关灯后闪烁。

(1)灯珠。打开吸顶灯的外壳或灯泡的白色塑料部分,可以看到内部有一个布满黄色长方形的电路板。这块电路板上的黄色,就是灯珠(俗称"发光二极管")。灯珠是 LED 灯的发光体,其数量决定了 LED 灯的亮度。

(2)驱动器。LED 灯泡的驱动器安装在底部,外表看不到,它具有恒流、降压、整流、滤波等功能。

温馨提示 ●●●●●

就 LED 灯的结构形式而言,有吸顶灯和灯泡两种。不论是哪种形式的灯,内部结构都是相同的,分为灯珠和驱动器。

LED 灯泡的驱动器安装在底部,外表看不到。吸顶灯的驱动器是一个黑色的盒子,在安装灯具时需要首先安装驱动器。驱动器具有恒流、降压、整流、滤波等功能。LED 灯的故障及解决方法,见表4-32所列。

表4-32 LED 灯的故障及解决方法

故 障 现 象	解 决 方 法
LED 灯不亮	电灯不亮时,应首先确保电路没问题。如果是新装 LED 灯,应使用电笔进行测量,或安装一盏白炽灯试一下,若电路中无电压,应该考虑是驱动器的问题。此时可以购买一个新的驱动器进行更换

续表

故障现象	解决方法
LED 灯亮度变暗	这个问题要联系上 LED 灯不亮的问题一同解决。电灯亮度变暗或不亮，都有可能是这种情况。 由于 LED 灯的灯珠，是分为一串串的，每一串上的灯珠，是串联的，串与串之间，是并联的。因此，只要一串上有一颗灯珠烧毁，就会导致整一串灯珠都不亮了。如果每串都有一颗灯珠烧毁，就会导致整个 LED 灯都不亮了。 对烧毁的 LED 灯珠和正常灯珠从外观上是可以看出来的，它在中间的位置有一个黑色的圆点，而且这个圆点是擦不掉的。如果烧毁的灯珠数量不多，可以将烧毁灯珠后面的两个焊接脚用电烙铁焊在一起。如果烧毁的灯珠数量过多，应重新买一块 LED 灯板换上
LED 关灯后闪烁	发生电灯关灯后闪烁，首先要确认线路问题。最有可能的问题是开关控制的零线。这种情况要及时改正，以免发生危险，正确的做法是开关控制火线，零线接电灯。 如果电路没有问题，则有可能是 LED 灯产生了自感电流。最简便的方法，是买一个 220V 的继电器，将线圈与电灯串联，即可解决

📞 知能拓展

拓展一：验电笔与常用的仪表

1. 低压验电笔简介

低压验电笔（简称电笔）是一种用来测试导线、开关、插座等电器是否带电的工具，用于检查 500V 以下导体或各种用电设备的外壳是否带电。

（1）低压验电笔的结构。

低压验电笔按照其的接触方式分为接触式和感应式两种，如图 4-28 所示。接触式验电笔：通过接触带电体，获得电信号的检测工具。通常形状有一字螺丝刀式，由验电笔和一字螺丝刀两部分组成；钢笔式：直接在液晶窗口显示测量数据；感应式验电笔：采用感应式测试，无需物理接触，可检查控制线、导体和插座上的电压或沿导线检查断路位置。可以极大限度地保障检测人员的人身安全。

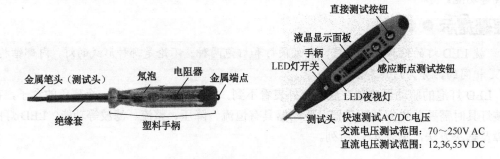

图 4-28　两种低压验电笔的结构

（2）验电笔的使用。低压验电笔的使用，见表 4-33 所列。

表4-33 低压验电笔的使用

分 类	示 意 图	方法/步骤
接触式	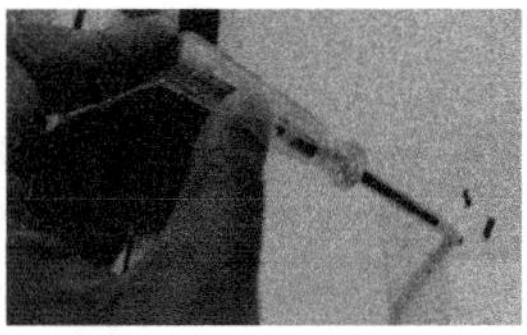	① 对于螺丝刀式，食指顶住电笔的笔帽端，拇指和中指、无名指轻轻捏住电笔使其保持稳定，然后将金属笔尖（测试头）插入墙上的插座面板孔或者外接的插线排插座孔中。 ② 查看验电笔中间位置的氖管是否发光。发光的就是带电。如果在白天或者光线很强的地方，验电笔发光不明显，可以用手遮挡光线，谨慎观察
感应式	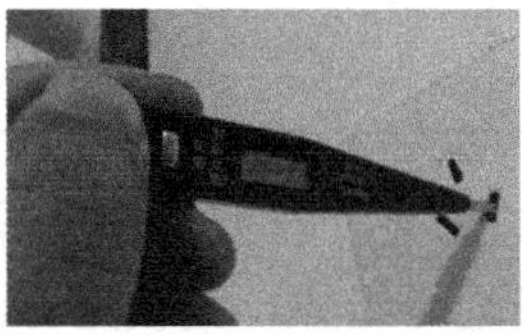	① 测量接触物体时，用拇指轻轻按住直接测试按钮（DIRECT 离笔尖最远的那个），金属笔尖（测试头）接触物体测量，即在液晶显示面板上数字显示。 ② 测量物体内部或带绝缘皮电线内部是否有电，就用拇指轻触感应断点测试按钮（离笔尖最近的那个 INDUCTANCE），如果测电笔显示闪电符号，就说明物体内部带电；反之不带电

温馨提示 ●●●●●

①使用接触式验电笔"验电"时，一定要用手按住或触碰验电笔笔帽端，否则氖管不会发光，造成误会物品不带电。②接触式验电笔"验电"时，手不要触及电笔的金属笔尖（测试头），否则会造成触电。③使用感应式验电笔"验电"时，不要同时把两个按钮（直接测试按钮、感应断点测试按钮）都按住，这样测量结果就不准确，没有参考意义了。

2. 常用测量仪表简介

电工常用测量仪表有万用表、兆欧表（又称摇表）、钳形电流表，见表4-34 所列。

表4-34 常用测量仪表

分 类	示 意 图	说 明
万用表	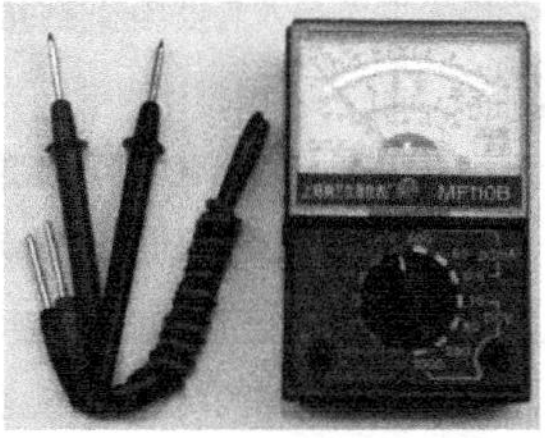  （a）指针式万用表　（b）数字式万用表	万用表是一种应用范围很广的测量仪表，是电工检修中最常用的仪表。它可以测量交流或直流电压、直流电流、电阻等，具有用途广泛、操作简单、价格低廉、携带方便等优点，是检修工作中必备的仪表。常见的万用表有指针式万用表和数字式万用表两种，如左图所示。万用表的使用方法，见表4-35 所列
兆欧表（摇表）	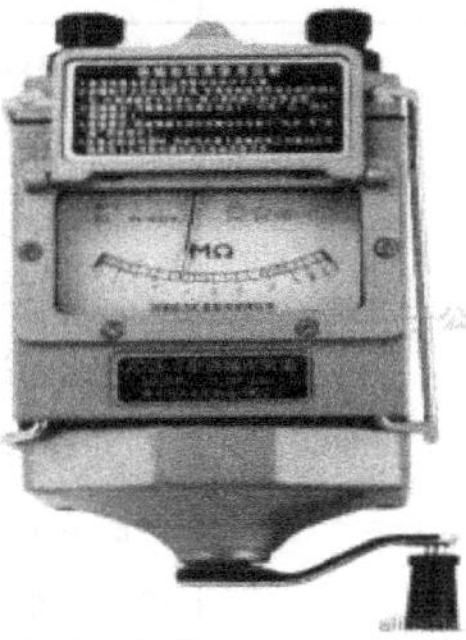	兆欧表，又称绝缘摇表，是一种测量电动机、电器、电缆等电气设备绝缘性能的仪表，如左图所示。其种类有500V、1000V 和 2500V 等。在选用时，要根据被测设备的电压等级选择。兆欧表的使用方法，见表4-37 所列

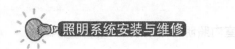

分 类	示 意 图	说 明
钳形电流表		钳形电流表是一种在不断开电路的情况下就能测量交流电流的专用仪表，如左图所示。钳形电流表的使用方法，见表 4-38 所列

　　（1）万用表的使用。万用表（以指针式为例）主要由表壳、表头、机械调零旋钮、欧姆调零旋钮、选择开关（量程选择开关）、表笔插孔和表笔等组成，其使用方法见表 4-35 所列。

表 4-35　万用表的使用方法

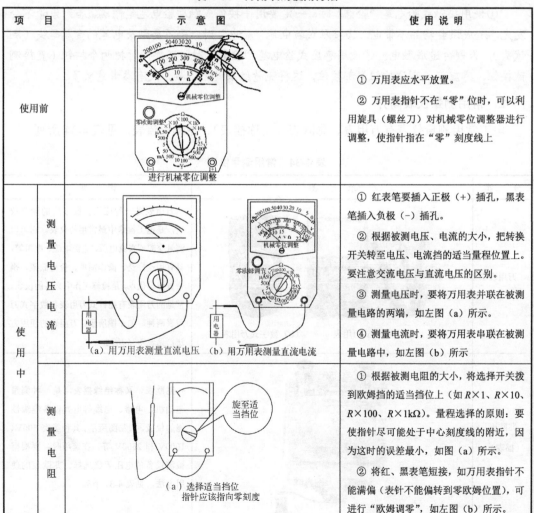

项 目		示 意 图	使 用 说 明
使用前		机械零位调整 零欧姆调整 进行机械零位调整	① 万用表应水平放置。 ② 万用表指针不在"零"位时，可以利用旋具（螺丝刀）对机械零位调整器进行调整，使指针指在"零"刻度线上
使用中	测量电压电流	机械零位调整 零欧姆调节 用电器　　　用电器 （a）用万用表测量直流电压　（b）用万用表测量直流电流	① 红表笔要插入正极（＋）插孔，黑表笔插入负极（−）插孔。 ② 根据被测电压、电流的大小，把转换开关转至电压、电流挡的适当量程位置上。要注意交流电压与直流电压的区别。 ③ 测量电压时，要将万用表并联在被测量电路的两端，如左图（a）所示。 ④ 测量电流时，要将万用表串联在被测量电路中，如图（b）所示
	测量电阻	旋至适当挡位 （a）选择适当挡位 指针应该指向零刻度	① 根据被测电阻的大小，将选择开关拨到欧姆挡的适当挡位上（如 $R\times1$、$R\times10$、$R\times100$、$R\times1k\Omega$）。量程选择的原则：要使指针尽可能处于中心刻度线的附近，因为这时的误差最小，如图（a）所示。 ② 将红、黑表笔短接，如万用表指针不能满偏（表针不能偏转到零欧姆位置），可进行"欧姆调零"，如左图（b）所示。

续表

项 目		示 意 图	使 用 说 明
使用中	测量电阻	 （b）欧姆调零　（c）测量阻值	③ 将被测电阻同其他元器件或电源脱离，单手持表棒并跨接在电阻两端，如左图（c）所示。 ④ 读数时，应先根据表针所在位置确定最小刻度值，再乘以倍率，即为电阻的实际阻值。例如，指针指示的数值是 50 Ω，若选择的量程为 $R \times 10$，则测得的电阻值为 500 Ω
使用后		电池 万用表　万用表后盖	① 将选择开关拨到 OFF 或最高电压挡，防止下次开始测量时不慎烧坏万用表。 ② 长期搁置不用时，应将万用表中的电池取出。 ③ 平时万用表要保持干燥、清洁，严禁振动和机械冲击

温馨提示

　　指针式万用表的型号很多，外形各异，但基本的结构和使用方法是相同的。万用表的面板主要有表头、机械调零旋钮、量程选择开关、欧姆调零旋钮和表笔插孔等，如图 4-29 所示；各部分功能，见表 4-36 所列；万用表表头的面板上有带着多条刻度线的标度盘，如图 4-30 所示。

标度盘

机械调零旋钮

h_{FE}插孔

欧姆调零旋钮

表笔插孔

量程选择开关

图 4-29　MF47 型万用表面板

表 4-36　MF47 型万用表面板各部分用途

面 板 部 分	用 途
标度盘	万用表表头的面板上有带着多条刻度线，主要用于电压、电流、电阻、电平的测量读数
机械调零旋钮	用于校正表针在左端的零位
量程选择开关	用来选择测量项目和量程。"mA"——直流电流；"V"——直流电压；" $\underline{V}$ "—交流电压；"Ω"——电阻
欧姆调零旋钮	用于测量电阻时的欧姆零位调整

续表

面 板 部 分	用 途
表笔插孔	插入表笔，红色表笔插入标有"＋"号的插孔，黑色表笔插入标有"－"号的插孔
h_{FE}插孔	三极管检测的插座

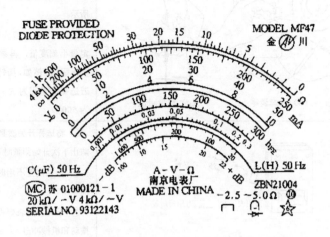

图 4-30　MF47 型万用表标度盘

温馨提示 ●●●●●

　　数字式万用表主要由表壳、表头（显示器）、电源开关、选择开关（量程选择开关）、蜂鸣器、表笔插孔和表笔等组成，其使用方法与指针式万用表相仿。由于篇幅有限，不再赘述。

　　（2）兆欧表的使用。兆欧表测量电动机（绝缘程度）的方法，见表 4-37 所列。

表 4-37　兆欧表测量电动机（绝缘程度）的方法

步　骤		示　意　图	使 用 说 明
使用前	放置要求	L E G 手柄	兆欧表有 3 个接线端子（线路"L"端子、接地"E"端子、屏蔽"G"端子）。三个接线端应按照测量对象不同来选用。测量时应放置在平稳的地方，以免在摇动手柄时，因表身抖动和倾斜产生测量误差
	开路试验	120r/min	先将兆欧表的两接线端分开，再摇动手柄。正常时，兆欧表指针应指"∞"
	短路试验	120r/min	先将兆欧表的两接线端接触，再摇动手柄。正常时，兆欧表指针应指"0"

步 骤		示 意 图	使 用 说 明
使用中	对地绝缘性能	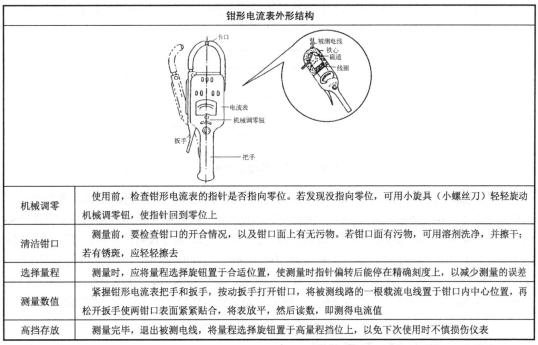	用单股导线将"L"端和设备（如电动机）的待测部位连接，"E"端接设备（如电动机）外壳
使用中	绕组间绝缘性能		用单股导线将"L"端和"E"端与设备（如电动机两绕组）的接线端相连接
使用后			使用后，将"L"、"E"两导线短接，对兆欧表放电，以免触电事故

（3）钳形电流表的使用。钳形电流表的使用，见表4-38所列。

表4-38　钳形电流表的使用

钳形电流表外形结构

机械调零	使用前，检查钳形电流表的指针是否指向零位。若发现没指向零位，可用小旋具（小螺丝刀）轻轻旋动机械调零钮，使指针回到零位上
清洁钳口	测量前，要检查钳口的开合情况，以及钳口面上有无污物。若钳口面有污物，可用溶剂洗净，并擦干；若有锈斑，应轻轻擦去
选择量程	测量时，应将量程选择旋钮置于合适位置，使测量时指针偏转后能停在精确刻度上，以减少测量的误差
测量数值	紧握钳形电流表把手和扳手，按动扳手打开钳口，将被测线路的一根载流电线置于钳口内中心位置，再松开扳手使两钳口表面紧紧贴合，将表放平，然后读数，即得电流值
高挡存放	测量完毕，退出被测电线，将量程选择旋钮置于高量程挡位上，以免下次使用时不慎损伤仪表

温馨提示 ●●●●●

新型绝缘电阻测试仪简介

随着科学技术的发展，一些智能、多功能型的绝缘电阻测试仪不断问世，它们具有数字显示、操作简单、安全可靠等优点，深受广大用户欢迎。如 UNILAP ISO 5kV 绝缘电阻测试仪,其外形结构如图 4-31 所示。它可以检测电器装置、家用电器、电缆和机器的绝缘状态。它具有 500V/1000V/2500V/5000V 多种绝缘测试电压挡位,绝缘电阻测量范围为 $10k\Omega \sim 30T\Omega$,直接显示吸收比为 $K_m=R_{1min}/R_{15s}$,极化指数为 $PI=R_{10min}/R_{1min}$,有视觉及声音提示每 5 秒钟的绝缘电阻值,测量电流 $> 1\ mA(DC)$,短路电流 $<2\ mA(DC)$,有极限值设置、报警功能、接口和配有分析软件等。

图 4-31　新型绝缘电阻测试仪

拓展二: 4 引线镇流器的简介

为了利于荧光灯灯管的启动,克服电源波动较大的问题,有效地延长灯管使用寿命,在市场上有一种带副线圈的镇流器,如图 4-32 所示。

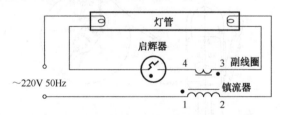

图 4-32　带副线圈的镇流器

带副线圈的镇流器有 4 个引线,主线圈的接线方式与前面所学习的相同;副线圈要串接于启辉器回路中。由于副线圈的匝数少,因此交流阻抗很小,接线时应特别注意这种镇流器的接线说明,切不可将副线圈接入电源,以免烧毁灯管和镇流器。如果没有接线图,可用测量线圈的冷态直流电阻的方法加以区分,阻值大的两根引线为主线圈,阻值小的两根引线为副线圈。图 4-32 所示中,标号 1、2 为主线圈,3、4 为副线圈。有黑点的一端为线圈的首端。由于线圈产地多,接线标号和引线方位不完全统一。使用时如果发现灯管工作不正常,说明副线圈接反,可将主线圈或副线圈的两根引线对调后重新接好即可解决故障。

拓展三: LED 灯简介及其自制

(1) LED 灯的简介。

LED 是英文"Light Emitting Diode"的简称,又称发光二极管。它的基本结构是一块电致发光的半导体材料,是一种固态的半导体器件,它可以直接把电转化为光。置于一个有引线的架子上，然后四周用环氧树脂密封，起到保护内部芯线的作用，所以 LED 的抗震性能好。LED 的心脏是一个半导体的晶片，晶片的一端附在一个支架上，一端是负极，另一端连接电源的正极，使整个晶片被环氧树脂封装起来。如图 4-33 所示，是一种 LED 灯带。

图 4-33　一种 LED 灯带

对于一般地照明而言，人们更需要白色的光源。1998 年发白光的 LED 开发成功。这种 LED 是将 GaN 芯片和钇铝石榴石（YAG）封装在一起制成。GaN 芯片发蓝光（λp=465nm，W_d=30nm），高温烧结制成的含 Ce3+的 YAG 荧光粉受此蓝光激发后发出黄色光线，峰值 550nm。蓝光 LED 基片安装在碗形反射腔中，覆盖以混有 YAG 的树脂薄层，约 200～500nm。LED 基片发出的蓝光部分被荧光粉吸收，另一部分蓝光与荧光粉发出的黄光混合，可以得到白光。

目前，这种构造简单、成本低廉、技术成熟度高、高光效、低光衰大功率的 LED，已广泛应用于路灯、工矿灯、隧道灯、射灯、日光灯等诸多照明领域，深受业界一致好评。

LED 照明灯具可以分为室内照明和室外照明两个部分。市面上常见的 LED 照明灯具类型主要有以下几种产品类型：LED 大功率模组模块路灯、LED 射灯、LED 灯杯、LED 灯座、LED 灯头、LED 灯带、LED 灯管、LED 灯具、LED 灯条、LED 软灯条、LED 灯串、LED 灯泡、LED 灯珠、LED 灯芯、LED 芯片、LED 筒灯、LED 蜡烛灯、LED 星星灯、LED 感应灯、小功率 LED 灯、大功率 LED 灯、大功率 LED 节能灯、LED 流星雨灯、LED 空气维生素净化灯、LED 声控灯、LED 平板灯、LED 触摸灯、LED 半导体照明、LED 大功率天花灯、LED 防爆灯、LED 管屏、LED 防爆防腐防尘灯、LED 固态免维护防爆灯、LED 日光灯透镜、LED 防爆投光灯、LED 日光灯、LED 电视、LED 背光、LED 车灯、LED 补光灯、LED 强光手电筒、LED 投光灯、LED 斗胆灯、LED 玉米灯、LED 埋地灯、LED 橱柜灯、LED 舞台灯、LED 商场灯、LED 车床专用灯、LED 牙灯、LED 矿用架线机车灯、LED 防爆平台灯、LED 隧道灯等。

（2）自制 LED 节能灯。

利用电子半成品自制 38 珠 LED 节能灯是一件非常有意义的举动，它不仅宣传了低碳环保、变废为宝的意识，而且通过制作 LED 节能灯能拓展自己的视野和提高动手能力。

① 制作材料。用电子半成品制作 38 珠 LED 节能灯所需材料，见表 4-39 所列。

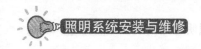

表 4-39　38 珠 LED 节能灯制作材料表

名称	38 珠 LED 节能灯 E27 灯壳	38 珠 LED 环氧树 脂板	发光二极管	电烙铁	焊锡
图片					
名称	二极管 1N4007	5 环 0.25W 电阻	电源板	CBB22 电容	铝电解电容
图片					

② 制作样图。38 珠 LED 节能灯制作样图，如图 4-34 所示。

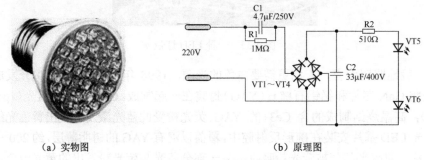

（a）实物图　　　　　　　　（b）原理图

图 4-34　38 珠 LED 节能灯制作样图

③ 制作步骤。用电子半成品制作 38 珠 LED 节能灯步骤，见表 4-40 所列。

表 4-40　38 珠 LED 节能灯制作步骤

步骤	名　称	示　意　图	说　明
第一步	焊接灯珠		38 颗 5mm 的高亮度 LED 发光二极管（如：F4.8 高亮草帽白光）全部串联，注意珠孔的正、负极方向，焊接时的焊点要扎实均匀，否则电路不通 电烙铁最大功率 50W，焊接最长时间 3 秒
第二步	焊接导线		38 珠灯焊好后，再接出正、负极两根导线，用作连接电源
第三步	焊二极管		注意整流二极管的极性，与电路上的方向一致

续表

步骤	名　称	示　意　图	说　明
第四步	检查效果		按照步骤焊接电阻、电容，并检查焊接效果，注意节省空间，便于后面的操作
第五步	连接导线		电源板上标有"IN"的两个电源孔作为灯壳220V交流电的输入孔，没有先后之分。标有"OUT"的"–"端连接灯珠板的负极，"+"端连接灯珠板的正极。注意方向，否则电路不通
第六步	检测照明		线路安装好后，将电源板、灯珠板安装在灯壳内，并在220V交流电灯头上通电检测LED灯工作情况，灯亮则表示安装成功，灯不亮要检查导线连接是否正确，或者灯珠的串接是否脱焊
注意事项	① 正确使用工具，操作时注意安全 ② 连接导线要仔细，灯珠的串接方向要一致		

典型控制电路的安装

践行卡

根据教学需要或者教师（师傅）要求，在实训场所进行典型控制电路安装或荧光灯具组装与开关的安装，并完成表4-41所列栏目的填写。

表4-41　典型控制电路安装评议表

班　级			姓　名		学　号	
操作内容						
工具器材						
操作步骤						
评　价	评定人	评　议　记　录			等　级	签　名
	自己评价					
	同学评议					
	老师评定					

项目摘要

（1）白炽灯的光效较低（与LED灯比能耗大），由于它价格便宜、启动快、线路简单、光色和集光性能好，是一种广泛应用的电光源。

（2）白炽灯在使用过程中，难免会发生故障，这时应仔细观察、认真分析，及时而正确地排除故障。白炽灯常见故障有短路故障、断路故障和漏电故障3类。

（3）荧光灯具有光效高、显色性能好、使用寿命长、价格较低等特点，成为适合多用途的电光源。

（4）在荧光灯的使用中，由于其内因或外因（如质量优劣、电源电压的波动、接线方法和线路中连接点接触不良等），都会造成荧光灯的故障。因此，就要根据它出现的各种现象认真分析、抓住实质、排除故障，才能保证荧光灯的正常发光。

（5）LED灯具有省电（光效比节能荧光灯高2～3倍，比白炽灯高8～10倍）、长寿（理论寿命长达10万小时，是白炽灯的100倍，是荧光灯的20倍。实际LED灯具由于其他电子元件的原因整体寿命要低一些，但一般可以做到使用10～20年不换灯泡）、没有闪烁等优点。其主要缺点是：光衰、初期投资价格较高等。

 自我检测

1．填空题

（1）白炽灯在使用过程中的常见故障一般有＿＿＿＿、＿＿＿＿、＿＿＿＿3类。

（2）一个完整的电路通常至少要有＿＿＿＿、＿＿＿＿和＿＿＿＿三个部分组成。

（3）电路的基本工作状态有＿＿＿＿、＿＿＿＿、＿＿＿＿3种状态。

（4）在照明电路中，常遇到的电器件安装有＿＿＿＿、＿＿＿＿和＿＿＿＿等。

（5）所谓灯具是指＿＿＿＿、＿＿＿＿和＿＿＿＿的器具，它包括除光源之外的所有固定和保护光源所需要的全部零部件，如灯座、灯罩、灯架、开关、引线等。

2．判断题

（1）白炽灯在使用过程中出现故障，应仔细观察、认真分析、及时正确地排除故障。
（　　　）

（2）启辉器长时间跳动而荧光灯不能正常工作时，应迅速检修排除，否则会影响荧光灯管的使用寿命。（　　　）

（3）"LED"是一种固态的半导体器件，它可以直接把电转化为光。（　　　）

（4）自学，就是一种独立学习，独立思考的能力。（　　　）

（5）注意锻炼自己的实际动手操作能力，是提高专业技能的根本途径。（　　　）

（6）学习科学知识的最终目的在于应用。对于学习者来说，不仅要懂得理论，还要懂得技术方法和设备操作知识，这样才能解决科学研究和生产实际中的具体问题。（　　　）

3．问答题

（1）如何安装家用插座？

（2）如何控制家用电源插座的安装高度？

（3）使用接触式验电笔"验电"时，应该注意什么问题？

（4）安装吸顶灯时，应注意哪些事项？

（5）简述LED灯的优缺点。

项目五

室内照明设计与施工

室内照明施工就是要按照设计的施工图纸，遵循有关施工技术要求，将导线和各种电器件（开关、插座、配电箱及灯具等）正确、合理地安装在指定位置上。

通过学习（操练），了解居室照明特点、影响设计的因素；熟悉居室照明线路施工的要求与工序；掌握居室照明布线的基本操作技能。

任务一 室内照明设计

1. 照明设计的目的与原则

1）照明设计的目的

人的一生，绝大部分时间是在室内度过的。因此，人们设计创造的室内环境，必然会直接关系到室内生活、生产活动的质量，关系到人们的安全、健康、舒适等。室内环境的创造，应该把保障安全和有利于人们的身心健康作为室内设计的首要前提。电气照明设计的目的：就是在充分利用自然光的基础上，运用现代人工照明的手段，为人们的工作、生活、娱乐等场所创造出一个优美舒适的灯光环境。也就是说，电气照明设计是通过对建筑环境的分析，结合室内装饰设计的要求，在经济合理的基础上，选择光源和灯具，确定照明设计方案，并通过适当的控制，使灯光环境符合人们在工作、生活、娱乐等方面的要求，从而在生理和心理两方面满足人们的需求。这一空间环境既具有使用价值，满足相应的功能要求，同时也反映了历史文脉、建筑风格、环境气氛等精神因素。

影响室内照明设计的因素主要有建筑环境和灯光两个方面。建筑环境因素主要是指建筑规模、房间使用性质、室内装饰的风格等；灯光因素主要是指照明方式、光源的种类、灯具的形式等。建筑环境是创造灯光环境的基础和前提；灯光因素是满足照明要求的关键，两者是相辅相成的。建筑环境的影响和灯光的运用又对室内环境气氛的创造提供条件，起到强化和补充作用。

2）照明设计的原则

（1）使用性原则。使用是设计的出发点和基本条件。设计时应分析使用对象对照度、灯具、光色等方面的需求，选择合适的光源、灯具及布置方式。在照度上要保证规定的最低值；在灯具的形式与光色的变换上，要符合室内设计的要求。

使用性还包括照明系统的施工安装、运行及维修的方便，以及对未来照明发展变化留有一定的空间等方面的内容。

（2）安全性原则。在选择设计照明系统时，要坚持"安全第一"的原则。在设计中要遵循规范的规定和要求，严格按规范设计；在选择电气设备及相关器材时，应慎重选用一些信誉好、质量有保证的厂家或品牌，同时还应充分考虑环境条件（如温度、湿度、有害气体等）对电器的影响。

（3）美观性原则。灯光照明还应具有装饰空间、烘托气氛、美化环境的功能。对于装饰要求较高的房间，装饰设计往往会对光源、灯具、光色的变换及局部照明等提出一些要求。因此，照明设计要尽可能地配合室内设计，满足室内装饰的要求。对于一般性房间的照明设计，也应该从美观的角度选择、布置灯具，使之符合人们的审美习惯。

（4）经济性原则。经济性原则包含节能和节约两方面。节能是指照明光源和系统应该符合节能有关规定和要求，优先选用节能光源和高效率灯具等；节约是指照明设计应从实际出发，尽可能减少一些不必要的设施，同时，还要积极地采用先进技术和先进设施。

2. 照明的特点及影响因素

1）家用照明的特点

（1）照明要求多样性。在同一家庭中，各家庭成员的活动内容不同，则有不同的照明要求，照明要求的多样性不言而喻。

（2）照明要求的兼容性。在同一房间内，不同的照明要求往往难以相容。例如，看书时必须有足够的照度，而睡觉时必须熄灯或只有昏暗的光线；又如，在进行专业性工作时必须具有足够的照度和稳定度，而娱乐时则要求照明应产生动感；再如，描图工作者需要照度高、显色性好的照明，而休闲者需要灯光暗淡的环境等。不同照明要求应具有的兼容性，如图 5-1 所示。

门厅　　　　　　　　　　　　　　　　　客厅

图 5-1　不同照明要求的兼容性

工作室

餐厅

两层卧室

三层卧室

地下品茶室

卫生间

图 5-1 不同照明要求的兼容性（续）

2）影响照明设计的主要因素

影响室内照明设计的主要因素如下。

（1）建筑本身因素的影响，包括建筑空间的大小、形状、装饰风格及室内表面材料等。

（2）空间使用的影响，包括灯具具体的用途、工作性质、工作时间、使用者的要求及灯具的使用年限等。

（3）物理环境的影响，包括温度、湿度、振动，有无腐蚀、爆炸、潮气、灰尘等。

（4）维护管理及经济方面的影响，包括整个照明系统的投资及运行费用，方便今后维护管理等。

（5）其他方面的影响，包括空调、自动报警系统及安全应急照明系统等。

3. 照明设计的要求与步骤

1）照明设计的要求

一个良好的光环境受照度、亮度、眩光、阴影、显色性、稳定性等各项因素的影响和制约，设计时应恰当地选择。

（1）照度的合适性。照度是决定受照物体明亮程度的间接指标，因此常将照度水平作为衡量照明质量最基本的技术指标之一。不同的照度给人产生不同的感受，照度太低易造成疲劳和精神不振；照度太高往往会刺激性太强，使人过度兴奋。试验研究证明，照度在500～1000Lx 范围内是大多数连续工作的室内作业场所的合适照度。在确定被照环境所需要的照度水平时，还必须考虑被观察物的尺寸大小，以及观察物同其背景的亮度对比程度。

（2）照度的均匀性。为了减轻眼睛因照度不均所造成的视觉疲劳，室内照度的分布应该具有一定的均匀度。我国民用建筑照明设计标准规定：工作区域内照度的均匀度不应小于 0.7，工作房间内交通区的照度不宜小于工作面照度的1/5。

照度的均匀性主要取决于灯具在室内空间的具体排列，以及各位置上光源照度的分配。灯具之间的距离与灯具安装的高度之比（通常称为距高比）是衡量照度均匀性的主要指标，因此在进行灯具布置时，距高比应不大于表 5-1 所列的最大允许值。

表 5-1 灯具布置最大允许值

灯 具 型 式	距 高 比		采用单行布置的房间
	多行布置	单行布置	（层高 H）
乳白灯、天棚灯	2.3～3.2	1.9～2.5	1.3H
无漫透射罩的配照灯	1.8～2.5	1.8～2.0	1.2H
搪瓷探照灯	1.6～1.8	1.5～1.8	1.0H
镜面探照灯	1.2～1.4	1.2～1.4	0.75H
有反射罩的荧光灯	1.4～1.5	—	—
有反射罩、带栅格的荧光灯	1.2～1.4	—	—

（3）亮度的反射性。要创造一个良好的光照环境，就需要亮度分布合理和室内各个面反射率选择适当。亮度差异过大，会引起视觉疲劳；亮度过于均匀，又使室内显得呆板。相近环境的亮度应当尽可能低于被观察物的亮度，通常被观察物的亮度为相邻环境的 3 倍时，视觉清晰度较好。

在照明设计中，一般采用照度比和墙面、顶棚、地板的反射比作为评估和衡量的标准（照度比是指给定表面的照度与工作面的照度之比）。我国《民用建筑照明设计标准》（GBJ 13—1990）中推荐：视觉工作对象照度比为 1；顶棚照度比为 0.25～0.90；墙面照度比为 0.40～0.80；地面照度比为 0.70～0.90；墙面反射比为 0.50～0.70；地面反射比为 0.20～0.40；顶棚反射比为 0.70～0.80；家居设备反射比为 0.25～0.45，如图 5-2 所示。

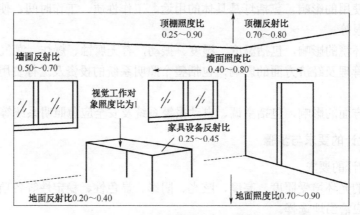

图 5-2 室内各面反射比和照度比推荐值

2）照明设计的主要步骤

居室照明设计的要素与操作步骤如下。

（1）收集原始资料，包括工作场所的设备布置、工作流程、环境条件及对照明的要求，以及已设计确定的建筑平面图、剖面图和结构图等。

（2）确定照明方式和种类，并选择合理的照度。

（3）选择合适的光源。

（4）选择灯具类型与型号，并确定灯具的布置。

（5）进行照度计算，确定光源的安装功率。

（6）确定照明配电系统。

（7）选择导线和电缆的型号和布线方式。

（8）选择配电装置、照明开关和其他电气设备。

（9）绘制照明平面布置图，同时汇总安装容量，列出主要设备和材料清单。

4. 照明设计举例与观赏

我国的家庭住宅多种多样，从住宅的布局、结构、分室数量和大小等方面，南方与北方，城市与农村各不相同。即使在同一个城市，一室户、二室户、三室户、四室户、别墅等不同居住条件的住户，情况也各异。但是，尽管居住条件和住户特点千差万别，住宅总有住宅的共同特点。从住宅的功能看，应有以下几种功能室：①起居室；②学习室；③会客室；④健身室；⑤电视室；⑥娱乐室；⑦工作室，如计算机室；⑧厨房；⑨卫生间；等等。

房间的功能不同，对照明的要求也不同。如果同一房间有多种功能，照明应兼顾各种功能的需要。因此，家庭照明必须以房间的功能特点为依据。

1）居室照明设计举例

（1）客厅照明。有一间面积为 15m^2 的房间，用作客厅兼娱乐和看电视。试设计该房间的照明。根据"照明设计要求与步骤"知识，居室的照明设计步骤如下。

① 收集房间资料。该房间长 4.7m，宽 3.2m，高 2.9m，粉白墙壁，预置浅绿色转角沙发、茶几、电视机，用作客厅兼娱乐和看电视。

② 确定照明方式和种类，并选择合理的照度。由于家庭经济收入较宽裕，采用混合照明方式，照明种类为直接照明。

照度的选择根据表 5-2 所列标准：选会客用照度 200Lx，选看电视用照度 15Lx，选娱乐用照度 150Lx。

③ 确定合适的光源，如选用白炽灯、荧光灯和高效节能灯 3 种光源。

④ 确定灯具的类型。灯具为固定式白炽镶嵌灯 4 个，荧光吸顶灯 1 个，白炽壁灯 2 个。

⑤ 灯具的布置，如图 5-3 所示。其中，A 为 DBY522，30W 荧光吸顶灯；B 为 4 个 15W 乳白玻璃罩镶嵌灯；C 为 JXBW26-A 2 个 2×15W 的壁灯。

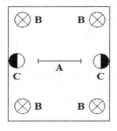

图 5-3 照明灯具布置示意图

⑥ 通过计算，总安装功率是能达到室内照度要求的。照明效果说明见表 5-2 所列。

表 5-2　照明效果说明

灯使用情况	示　意　图	说　明
单独使用 A 灯	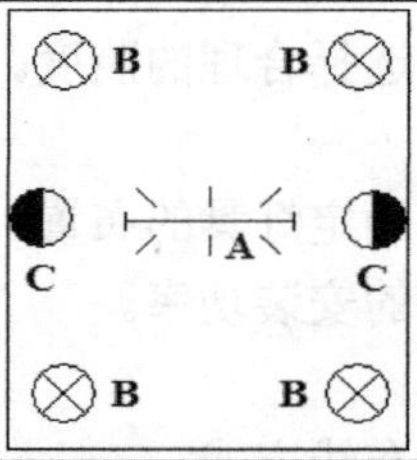	适用于一般家务活动,光线明亮,光效高而且节电
单独使用 B 灯	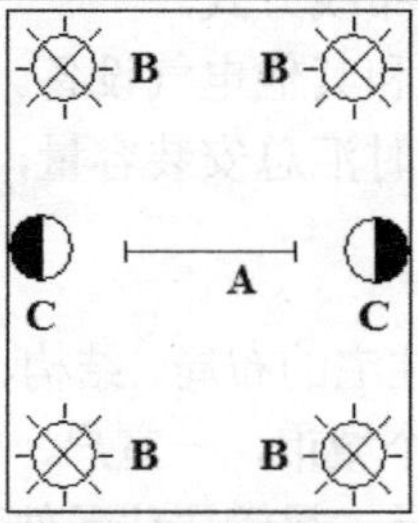	室内照度不均匀,适宜休息或看电视
使用 B 和 C 灯 或 A 和 C 灯	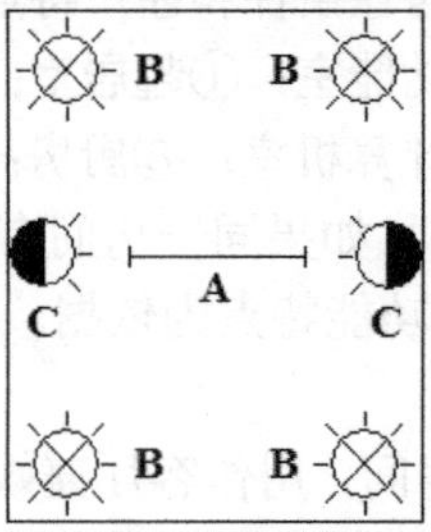 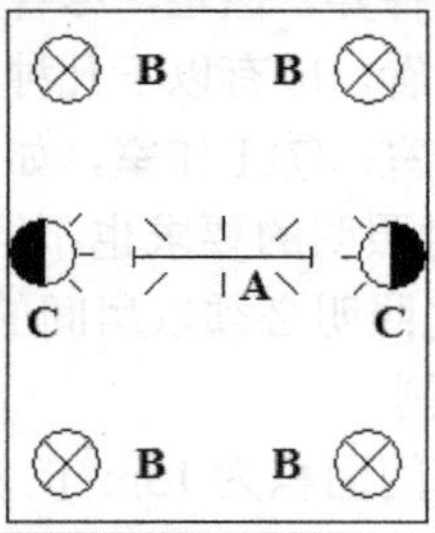	使室内产生一种幽雅或欢快的气氛,适宜娱乐或欣赏音乐
同时使用 A、B、C 灯	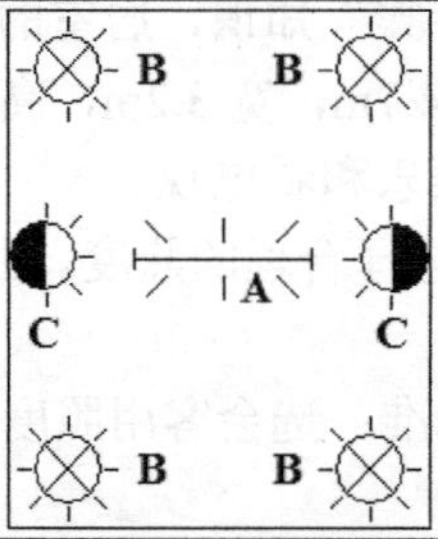	室内照度最高,产生一种明亮、热烈而又亲切愉快的气氛,适宜节日家庭团聚或朋友聚会

（2）老人卧室照明。有一间 $13m^2$ 的房间，用作老人居室。该房间长 4.06m，宽 3.2m，高 2.9m，粉白墙壁，靠墙单人沙发两个，外罩白色沙发套，木制本色扶手，木制本色茶几，木制本色立柜。采用一般照明方式，漫射照明类型。

老年人居室，照度要求高，设照度为 150Lx，采用 D07A4 型短杆白炽吊灯，功率为 60W。另外为了老人看报，在茶几上最好加设一盏功率为 40W 的台灯。

通过计算，以上设计都能达到照度要求，而且可使老人感到明快、适宜、心情舒畅。

2）居室照明设计观赏

现代灯具已经从原来仅满足照明，发展为现代建筑设计必不可少的一部分。灯饰已是体现现代建筑装修风格的点睛之笔。它不仅要满足人们对光照的技术上的需求，而且在造型和色彩上还必须与建筑装饰风格相协调，符合人们的审美要求。表 5-3 是一些居室照明布置示图，供观赏。

表 5-3 居室照明布置

名 称	示 意 图	说 明
门厅与走道		门厅是住宅的出入通道。走道是连接居室各房间的交通要道。两者作用都是作为交通联系用的，要营造（增加）空间一种宽广的感觉，因此光线一定要比较柔美。门厅与走道的照明方式主要采用吸顶灯或设置光带、光槽、嵌入筒灯，走道也可以采用壁灯
客厅		客厅是接待客人的地方，要求营造一种热烈的氛围，因此客厅的灯一定要明亮、大方，同时又有可调节的亮度，一般以豪华明亮的吊灯或大吸顶灯为主灯，搭配其他多种辅助灯饰，如壁灯、筒灯、射灯
卧室		卧室是休息睡觉的地方，温馨的灯具可以营造气氛，因此光线一定要柔和，最好不要选择带尖头的吊灯，给人不安全感
厨房		厨房是家庭中最繁忙、劳务活动最多的地方，厨房的照明主要是实用，因此选用合适的照度和显色性较高的光源，一般选择白炽灯或荧光灯
餐厅		餐厅是人们用餐的地方，其照明应以餐桌表面为目的，光线应保持明亮又不刺眼，光色应偏暖为好，这样有利于人的食欲。餐厅照明一般采用直接照明的方式，也可采用射灯或壁灯辅助照明
卫生间、浴室		浴室是一个使人身心松弛的地方，因此要用明亮柔和的光线均匀地照亮整个浴室。面积小的浴室，只需安装一盏吸顶灯就足够了；面积较大的浴室，可以采用发光天棚漫射照明或采用吸顶加壁灯方式。用壁灯作浴缸照明，光线融入浴缸，散发出温馨气息，令身心格外松弛。但要注意，此壁灯应具备防潮性能
书房		书房是人们工作、学习的地方，因此光线既要明亮又要柔和，同时要避免眩光，通常书房或办公室照明采用一般照明和局部照明相结合的方式。一般照明采用光线柔和的荧光灯或吸顶灯，局部照明采用光线集中的台灯

任务二 室内照明施工

1. 照明线路施工要求

导线布线应根据设计图纸，即室内电气设备分布的具体情况、实际使用等要求进行施工安排。做到电能传送安全可靠，线路布置合理便捷，整齐美观，经济实用，能满足使用者的需要，具体要求如下。

（1）导线额定电压大于线路工作电压，绝缘层应符合线路的安装方式和敷设的环境条件，截面积应满足供电要求和机械强度。

（2）导线敷设的位置，应便于检查和维修，并尽量避开热源敷设。

（3）导线连接和分支处，不应受机械力的作用。

（4）线路中尽量减少线路的接头，以减少故障点。

（5）导线与电器端子的连接要紧密压实，力求减小接触电阻，并防止脱落。

（6）水平敷设的线路，如距地面小于 2m 或垂直敷设的线路距地面小于 1.8m 的线段，均应装设预防机械损伤的装置。

（7）为防止漏电，线路的对地电阻不应小于 0.5MΩ。

2. 照明线路施工工序

照明线路敷设的基本工序如下。

（1）熟悉施工图，作预埋、敷设准备工作（如确定配电箱柜、灯座、插座、开关、启动设备等的位置）。

（2）沿建筑物确定导线敷设的路径，穿过墙壁或楼板的位置和所有配线的固定点位置。

（3）在建筑物上，将配线所有的固定点打好孔，预埋螺栓、角钢支架、保护管、木枕等。

（4）装设绝缘支持物、线夹或管子。

（5）敷设导线。

（6）导线连接、分支、恢复绝缘和封端，并将导线出线接头与设备连接。

（7）检查验收。

3. 照明线路敷设方式

室内照明线路施工常见的敷设方式有暗敷设和明敷设两种。其中，新居室的照明线路大多采用暗敷设。导线穿管埋设在墙壁、地面、楼板等处内部或装设在天棚内作暗线埋设的布线方式，被称为暗敷设；导线直接沿墙壁、天棚、梁、柱等处作明线敷设的布线方式，被称为明敷设。

（1）室内照明线路的暗敷设。室内照明线路的暗线敷设（以客厅为例）如图 5-4 所示。其具体操作见表 5-4 所列。

图 5-4 客厅照明布置示意图

表5-4　室内照明线路的暗敷设步骤

步　骤	示　意　图	说　明
读图		阅读施工图，明确施工要求
定位画线	走向线 线盒位	根据施工要求，在现场对插座、开关、灯座等设备进行定位画线。定位画线时，用粉袋弹线（画线），做到走向的合理，线条"横平竖直"，尽可能避免混凝土结构。每个插座、开关、灯座等固定点的中心处画一个"×"记号，以方便接线盒孔的开凿和导线的布放
开凿墙槽和接线盒孔	砖角	根据定位线，开凿埋设电线管用的墙槽
埋设电线管	线管　推入 引线	按要求截取一定长度的塑料电线管，并埋设在电线管槽内
埋设接线盒	接线盒	将接线盒埋设在接线盒孔内，要求接线盒平整、不松动
穿线编线号		对塑料电线管进行穿线，作线号标记，方便电器接线

续表

步骤	示意图	说明
安装开关	面板　开关　接线盒	根据编好的线号,对开关进行装接。开关安装注意平整,不能偏斜;开关扳把方向应一致,即扳把向上为"合",扳把向下为"分"
安装灯具		灯具安装,参见项目四
通电测试	验电笔　校验灯	根据施工图对照实际线路检查安装是否符合技术要求、线路有无错接漏接等。在确认接线完全正确后,进行通电测试。此时可以用验电笔或校验灯逐一检查,做到准确无误
填补槽孔		在通电测试合格后,对凿开的墙面用水泥砂浆补平,粉刷层与墙面保持一致

（2）室内照明线路的明敷设。对居室线路的明线敷设（以餐厅为例），如图 5-5 所示。其具体步骤见表 5-5 所列。

图 5-5　餐厅照明布置示意图

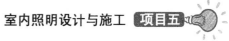

表 5-5　室内照明线路的明敷设步骤

步　骤	示　意　图	说　明
读图		阅读施工图，明确施工要求
定位画线		根据施工要求，在现场对插座、开关、灯座等设备进行定位画线。定位画线时，用粉袋弹线（画线），做到走向合理，线条"横平竖直"，尽可能避免混凝土结构。每个插座、开关、灯座等固定点的中心处画一个"×"记号，以方便接线盒孔的开凿和护套线的敷设
开凿接线盒孔		根据定位线，开凿埋设用的开关、插座接线盒孔
钻孔，埋设木枕或膨胀管，固定线卡		根据木枕或膨胀管的规格用冲击电钻（或用钢凿）钻打膨胀管或木枕孔，埋设膨胀管或木枕，固定线卡
敷设护套线		护套线敷设自上而下进行，做到护套线平整、贴墙。护套线线卡夹持间距（尺寸）相等
安装开关、插座		将护套线穿入接线盒，编好线号，根据要求进行开关或插座装接。开关的扳把向上为"合"，扳把向下为"分"；插座的左插孔接"零线"、右插孔接"相线"

续表

步　骤	示 意 图	说　明
安装灯具	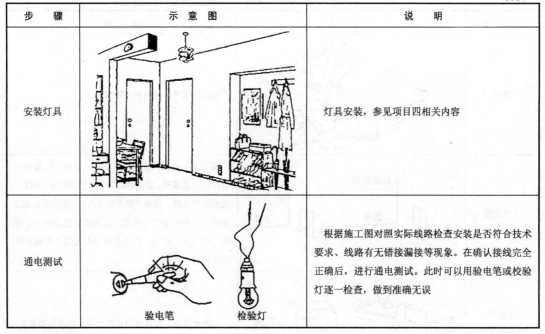	灯具安装，参见项目四相关内容
通电测试	验电笔　　　　检验灯	根据施工图对照实际线路检查安装是否符合技术要求、线路有无错接漏接等现象。在确认接线完全正确后，进行通电测试。此时可以用验电笔或校验灯逐一检查，做到准确无误

温馨提示 ●●●●

常用建筑工程图例符号，见附录 B。

知能拓展

拓展一：我国民用建筑照度标准

电气照明是一门综合性技术。不同用途的生产设施和生活设施都对电气照度有着各自不同的标准和要求。由于各个国家的国情不同，因此照度标准也不一样。按照人们的视觉器官的需要，在完全没有月光的夜晚，如果仅仅依靠人工光源的照明进行连续性的学习或工作时，合理的照度应是 100Lx 以上，最低也不能小于 50Lx。如果低于 50Lx，容易引起视觉疲劳，物像不清，久而久之就会使视力减退。根据上述情况，居室采用电气照明时的照度不应过低。另外，白炽灯属于暖光源，给人以温暖的感觉；荧光灯属于冷光源，光谱接近日光，所以家庭在选用光源时，也应考虑居室的朝向、季节的变化、不同的爱好等因素。

1991 年，建设部批准并颁发了 GBJ 133—1990《民用建筑照明设计标准》。这是我国民用建筑的第一部照明设计标准。该标准在编制过程中，有关人员进行了广泛的调查研究，认真总结了我国民用建筑照明设计的实践经验，参考了有关国际标准。该标准给出的照度是指工作场所参考平面（若未加说明，均指距地面 0.75mm 的水平面）上的平均照度。视觉工作对应的照度分级见表 5-6 所列。住宅建筑照明的照度标准见表 5-7 所列。公共建筑照明的照度标准见表 5-8 所列。

表 5-6　视觉工作对应的照度分级

视 觉 工 作	照度级别/Lx	说　明
简单视觉作业的照明	0.5 1 2 3 5 10 15 20 30	一般照明的照度
一般视觉作业的照明	50 75 100 150 200 300	一般照明的照度，或一般照明和局部照明的总照度
特殊视觉作业的照明	500 750 1000 1500 2000 3000	一般照明的照度，或一般照明和局部照明的总照度

表 5-7　住宅建筑照明的照度标准

类　别		照度标准值/Lx		
		低	中	高
起居室、卧室	一般活动	20	30	50
	看电视	10	15	20
	书写、阅读、会客	150	200	300
	床头阅读	75	100	150
	精细作业	200	300	500
餐厅	一般活动	50	75	100
	餐桌	50	75	100
厨房		20	30	50
卫生间		10	15	20
楼梯间		20	30	20
门厅		30	30	75

表 5-8　公共建筑照明的照度标准

类　别	照度标准值/Lx			说　明
	低	中	高	
走廊、卫生间	15	20	30	地面照度
楼梯间	20	30	50	地面照度

续表

类　别	照度标准值/Lx			说　明
	低	中	高	
盥洗间	20	30	50	—
储藏室	20	30	50	—
电梯前室	30	50	75	地面照度
门厅	30	50	75	地面照度
浴室	20	30	50	地面照度

温馨提示 ● ● ● ● ●

（1）城乡及厂矿区的住宅取中值；较高水平的住宅（供外籍人员借用的住宅、别墅等）可取高值；短期使用或要求较低的住宅可取低值。

（2）老年人书写应提高一级照度。

拓展二：专用场所照明设计观赏

专用场所（如教室、商店、橱窗、剧院）的照明设计见表5-9所列。

表5-9　专用场所照明设计

名　称	示　意　图	说　明
教室		教室是学生学习文化技能的地方，要求照明能创造出舒适的学习环境，又避免眩光，要排除高亮度对比，能使学生都清楚地看到黑板上的字，一般选用荧光灯。 根据教育部的规定，教室内各课桌面的照度不应低于80Lx
商店		商店是人们购物的地方，由于商店照明受商品、销售动机所支配，要求突出商品的优点，吸引顾客，并能引起顾客的购买欲。一般照明采用直接照明和辅助照明相结合
橱窗		橱窗是展示、设立重点商品的地方，人们通过橱窗可以了解商店销售商品的类型、档次和风格，因此橱窗内商品的展示和环境气氛应能达到吸引顾客、引导顾客的目的。橱窗对照度要求很高，除使用荧光灯之外，往往采用射灯等
剧院		剧院是人们聚会、观看演出的地方。剧院内的照明，由于剧情的需要，还要配上各种灯光效果的射灯、聚光灯等，而剧院休息厅和门厅则应选用光线柔和，令人身心松弛、温馨的照明，一般照明采用筒灯和槽灯相结合的照明

拓展三：室内电气照明施工范例

电气照明施工一般要经过前期准备、敷设路径确定、线路的预埋、支持物与配电箱（盒）的装设、导线的敷设、电源的连接和检查验收等7个方面的工作。

（1）施工前的准备工作。

施工人员在室内照明施工时，首先要看懂电气图，明确施工要求，做好施工前的一切准备工作（如了解房间的分布、房间用电情况，导线、器件等材料的选定等）。现以某单元三住户用房和用电情况为例来说明，如图5-6所示。

用电情况如下。

① 各住户用房情况。甲住户有5间用房，即卧室、厅堂、厨房、浴室、厕所各一间。乙住户有6间用房，即卧室、厅堂、厨房、浴室、厕所、储藏室各一间。丙住户有6间用房，即卧室2间，厅堂、厨房、浴室、厕所各一间。

② 各住户用电情况。卧室中各设白炽灯2盏、插座1只，厅堂中各设白炽灯1盏、荧光灯1盏、插座1只，厨房中各设白炽灯2盏、插座1只，浴室、厕所、储藏室各设白炽灯1盏，公用走廊共有路灯5盏，包括门灯1盏，私用走廊共有路灯4盏。

公用走廊的路灯由总电能表引线，其余分别由各住户自行分计用电量。

③ 各住户用灯情况。甲住户用白炽灯7盏、荧光灯1盏、插座3只，乙住户用白炽灯8盏、荧光灯1盏、插座3只，丙住户用白炽灯9盏、荧光灯1盏、插座3只。

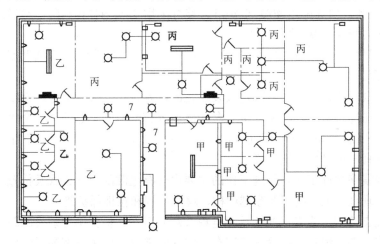

（a）各户用房用电情况

符号	名称	符号	名称	符号	名称
甲 乙 丙	甲户 乙户 丙户	7	储藏室 公用走廊		插座 绝缘支持物 总线
			总配电板		分支线
			分配电板		门
			白炽灯		
			荧光灯		单壁

（b）电气符号说明

图5-6 某单元三住户用房和用电情况

线路负载计算如下。

① 每条支路（每户一条支路）。每条支路以 10 盏灯（每盏灯 60W）和 3 只插座（每只 120 W）计算。

耗电量 $W_1 = 60 \times 10 + 120 \times 3 = 960$（W）

载流量 $I_1 = \dfrac{960}{220} = 4.36$（A）

② 总线路。总负载除 3 条支路外，还有 5 盏公用灯。

公用灯耗电量 $W_2 = 60 \times 5 = 300$（W）

公用灯载流量 $I_2 = \dfrac{300}{220} = 1.36$（A）

总载流量 $I = 3I_1 + I_2 = 3 \times 4.36 + 1.36 = 14.44$（A）

器材的选用如下。

① 总线路。总电能表用单相 15A 电能表；总开关用 15A 的胶木刀开关；总熔丝用直径 1.98mm 的铅锡合金丝（最高安全工作电流为 15A，熔断电流为 30A），装于 15A 的瓷插式保险盒内。总线用铜芯，截面积为 2.5mm² 的单根橡皮包线。

② 支（分）线路。各支路电能表用 5A 的电能表。各支路开关用 10A 的胶木刀开关。各支路熔丝用直径 0.98mm 的铅锡合金丝（最高安全工作电流为 5A，熔断电流为 10A），装于 10A 的瓷插式保险盒内。各支路线用铜芯，截面积为 1.5mm² 的橡皮包线或塑料护套线。

③ 用电设备。门灯配用 40W 白炽灯，路灯配用 25W 的白炽灯，荧光灯配用 40W 的灯管，室内灯具配用 40W 的白炽灯。

④ 其他零件。圆木、开关（暗装式）、插座（单相三孔插座），厕所及厨房灯头（瓷矮脚式）、接线盒。

（2）确定敷设路径的工作。确定敷设路径的内容包括开关、插座、接线盒、灯头等位置。定位时，在每个开关、插座、接线盒、灯头等固定点的中心处画一个"×"记号，并用粉袋弹线（画线）。如在选定房间入口（高度为 1.4 m）处画一个"×"记号；在沿墙壁暗装插座处也画一个"×"记号等。

（3）做好线路预埋工作。预埋工作的主要内容有电源的引入方式及位置，电源引入配电箱的路径，垂直引上、引下及穿越梁柱、墙等位置和预埋保护管。

（4）装设支持物、线夹、线管及配电箱（盒）工作。根据确定敷设的路径，在走线固定点上安装支持物、线夹；线管安装应有一定的倾斜度，以免水倒灌；配电箱（盒）安装应平整、贴墙。

（5）敷设导线工作。导线敷设自上而下，做到横平竖直、尽量减少线路中的接头。所有接头应接设在开关、插座或接线盒中。

（6）电气连接工作。电气连接尽可能采用螺钉压接法；对直接或分支连接的导线一定要做绝缘层的处理工作。

（7）检查验收工作。室内施工完成交付使用前，要认识检查，做好线路的"验电"等工作。"验电"可以用验电笔或校验灯。

一般来说，空调器回路的施工，无论安装一台还是两台空调器，甚至多台空调器，都必须单独设置用电回路，其导线截面积以 $2.5mm^2$ 以上为宜；厨房、卫生间电源插座回路（包括电饭煲、微波炉、电烤箱、电炒锅、洗衣机、暖风机、排风扇、电热淋浴器等）的导线截面积以 $1.5mm^2$ 以上为宜；其他电源回路的导线截面积为 $1.5mm^2$。

照明线路的敷设

（1）议一议：根据实训场地（图5-7）需要在墙顶安装一盏吸顶灯（或荧光灯）作为照明用，控制开关位置在门右侧，并在灯拐角墙下方（贴脚线处）装一只插座，供电视机等家用电器使用。与同学们讨论：用塑料护套线进行明配线施工的方案，并把它记录在下面空格中。

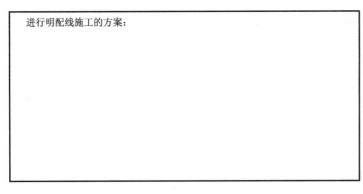

进行明配线施工的方案：

图 5-7　实训场地照明施工要求

（2）填一填：根据实训场地的要求，绘制电气施工图、开具材料清单，并填入表5-10对应的栏目中。

表 5-10　电气施工图与材料清单

材料清单			电气施工图及技术要求
名　　称	规　　格	数　　量	

（3）做一做：在实训场地进行照明施工（作业）。其具体操作步骤如下。

① 电器件的定位。根据施工图纸将电器件的位置和导线敷设的路径在实训场地定位画线。

② 凿开关、插座孔。在所定墙面位置凿打开关、插座安装孔。

③ 布线。进行敷设线路（明配线敷设时，应采用铝线卡或塑料线卡固定导线，固定点间距 150～200mm，且距离相等；暗配线敷设时，应根据暗配线位置，先开预埋暗线槽、

再进行导线埋设工作），并在开关、插座和灯接线盒的连接处留有一定长度的导线，用来连接开关、插座和灯接线盒。

④ 导线的连接。用导线将插座、开关及灯座正确连接起来。

⑤ 灯具的安装。吸顶灯（或荧光灯）的安装要符合要求。

⑥ 线路检查。用万用表检查线路，经教师复核无误，方可接通电源。

（4）评一评：把实训场地照明施工的收获或体会写在表5-11中，同时完成评议。

表 5-11 实训场地照明施工的认识（体会）交流表

班 级		姓 名		学 号		日 期	
认识与体会							
评 价	评定人		评 议 记 录			等 级	签 名
	自己评价						
	同学评议						
	老师评定						

温馨提示 ●●●●●

在施工过程中，应注意每个细节，把好每道工序关，自觉养成良好的职业习惯。

项目摘要

（1）照明设计和施工是保证电气照明系统正常运行的重要环节。照明施工就是按照设计的施工图纸，遵循有关施工技术要求，将导线和各种电器件（开关、插座、配电箱及灯具等）正确、合理地安装在指定位置上。

（2）电气照明设计是通过对建筑环境的分析，结合室内装饰设计的要求，在经济合理的基础上，选择光源和灯具，确定照明设计方案，并通过适当的控制，使灯光环境符合人们在工作、生活、娱乐等方面的要求，从而在生理和心理两方面满足人们的需求。影响室内照明设计的因素主要有建筑环境和灯光两个方面。

（3）住宅照明线路施工是电工进行实际操作的一项重要技能，要求输电安全，布线合理，美观便捷，能满足使用者不同的需要。

（4）照明设计应遵循：使用性原则、安全性原则、美观性原则和经济性原则等4项原则。

（5）导线布线应根据设计图纸，即室内电气设备分布的具体情况、实际使用等要求进行施工，做到电能传送安全可靠，线路布置合理便捷，整齐美观，经济实用，能满足使用者的需要。

（6）电气照明施工一般要经过前期准备、敷设路径确定、线路的预埋、支持物与配电箱（盒）的装设、导线的敷设、电源的连接和检查验收等7个方面的工作。

（7）居室照明线路施工中，常见的敷设方式有明敷设和暗敷设两种。

自我检测

1．填空题

（1）电气照明设计的目的，是在充分利用自然光的基础上，运用现代人工照明的手段，为人们的工作、生活、娱乐等场所创造出一个优美舒适的灯光环境。在设计中，要坚持：_____、_____、_____和_____4个原则。

（2）一个良好的光环境会受到：_____、_____、_____、_____、_____、_____等各项因素的影响和制约。

（3）居室布线的基本要求：_____、_____、_____、_____，能满足使用者的需要。

（4）居室常见的布线方法分_____和_____两种。

（5）开关扳把向上为_____，扳把向下为_____；插座左插孔接_____、右插孔接_____。

2．判断题

（1）在照明设计时，采用照度比和墙面、顶棚、地板的反射比作为评估和衡量的标准。
（　　）

（2）导线布线应根据设计图纸，即室内电气设备分布的具体情况、实际使用等要求，进行施工安排。
（　　）

（3）电气照明施工一般经过前期准备、敷设路径确定、线路的预埋、支持物与配电箱（盒）的装设、导线的敷设、电源的连接和检查验收等7个方面的工作。
（　　）

（4）检查验收工作。室内施工完成交付使用前，要认识检查，做好线路的"验电"等工作。
（　　）

（5）居室照明布线要室内电气设备分布的具体情况、实际使用等要求，进行敷设和分配。做到电能传送安全可靠，线路布置合理便捷、整齐美观、经济实用，能满足使用者的需要。
（　　）

3．问答题

（1）简述导线敷设的基本工序。

（2）指出图（a）、（b）、（c）、（d）的含义。

图（a）_____　　图（b）_____　　图（c）_____　　图（d）_____

（3）指出下列建筑工程图（a）、（b）、（c）、（d）的含义。

图（a）_____　　图（b）_____　　图（c）_____　　图（d）_____

项目六

公共照明设计与施工

自从爱迪生发明电灯以来，人造的光就走进了人们的生活，灯光照明无处不在。光线的强弱、明暗、色彩也可以使人觉得快乐、积极、沮丧。灯光不仅仅需要满足视觉需要，更重要的是要满足人们心理的需要。随着生活环境的改变，人们已经不再满足于简简单单的普通照明，公共照明灯光设计已经渗透到了人们的生活中。

通过学习（操练），了解现代建筑室外空间对公共照明的需求，熟悉室外空间公共照明线路施工基本技能，并能对其所出现的故障进行及时处理，了解接地接零保护装置的作用，能及时解决保护装置所出现的问题。

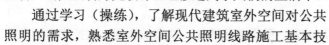

任务一 公共照明线路的设计

1. 照明设计的元素

公共照明设计是一种用光联系生活环境的艺术，演绎独具魅力的光世界。人在环境中有着主导的地位，根据不同的空间环境以及不同的感受进行合理设计，提供一个满足人心理需求的光环境是照明设计最基本的目的。

对于现代建筑来说，室外环境的"外"与室内设计的"里"是一对相辅相成的统一体。建筑空间（公共）照明与室内照明都得遵循一个共同的设计原理：把保障安全和有利于人们的身心健康作为设计的首要前提。

简言之，照明系统大致可分为四个独立的元素，即一般照明、重点照明、建筑照明和效果照明。正是这四种元素合理的搭配与平衡，而产生了好的效果与氛围。

（1）一般照明（General Lighting）：所谓一般照明是指采用某种形式的灯具使整个建筑空间充满均匀的光，通常作为人们出于安全和导向的一种基础性照明。这种利用照明控制系统使人造光与日光紧密结合的照明方式，在日后将会显得尤为重要。图6-1为一般照明效果图。

图 6-1　一般照明效果图

（2）重点照明（Accent Lighting）：所谓重点照明是指利用某束灯光照射使被照射的物体与其背景相比显得更为突出。重点照明分陈列照明和商品照明两种。图 6-2 为重点照明效果图。

图 6-2　重点照明效果图

（3）建筑照明（Architectural Lighting）：所谓建筑照明是指采取特定灯光效果对建筑面创造一个理想的光环境和空间感。例如，亮的屋顶会使空间显得更高大。亮的墙壁会使四周显得更宽敞。图 6-3 为建筑照明效果图。

图 6-3　建筑照明效果图

（4）效果照明（Effect Lighting）：效果照明和重点照明不同，是利用一定灯光的照射，使某一部位有特殊的照明效果以吸引人们的注意。例如，在天花板上安装极窄光束的聚光灯，在地板上可产生光的图案和墙面投影（图片、标志、广告资料）等来创造引人注目的照明效果。图 6-4 为效果照明效果图。

图 6-4　效果照明效果图

2．照明线路的定位

1）照明线路的勘测

照明线路是指从变压器（或小型发电站）到用电户所经过的路径。线路勘测时应考虑以下几点。

（1）线路应避开行洪、蓄洪区及沼泽、低洼地区，应避免多次跨越铁路、公路、河流、隧道涵洞、其他电力线路，以及其他易燃易爆物堆放场所等。

（2）线路应尽可能沿已有公路、道路排线，以便于安装、检修、维护；线路若要经过田间，应尽量少占良田，不妨碍农机耕作。

（3）线路与弱电通信线路交叉时，应从通信线路上方跨越；跨越重要通信线路时，交叉角应不小于 45°；跨越一般通信线路时，交叉角应不小于 30°，以减小电力线路对通信线路信号的干扰。

（4）线路应尽量缩短供电距离，减少拐弯转角，特别要注意在线路设计中的倒送电现象。如图 6-5（a）所示线路设计较合理，图 6-5（b）所示线路设计属于倒送电，增加了电流在线路中通过的距离，使电压和电功率损失增大，必须避免。

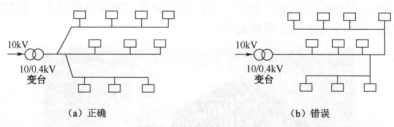

（a）正确　　　　　　　　　　　　　　　　　　　（b）错误

图 6-5　线路走向示意图

2）输电杆位的确定

设计好线路之后，接着是确定输电杆位，一般先确定线路中特殊位置的杆位，如起点杆、终点杆、转角杆、跨越杆及分支杆的位置。直线杆的杆位通常在确定了档距之后，用标杆和测绳在上述特殊杆位间均匀排列确定杆位，如图 6-6 所示。图中，杆 1 和杆 16 分别为起点杆和终点杆，杆 6 为耐张杆，杆 7 为分支杆，杆 10 为转角杆，杆 13、杆 14 为跨越杆，其余均为直线杆。线路档距的一般经验：田间线路档距为 50～70m，城镇区内线路档距为 40～50m 较合理。

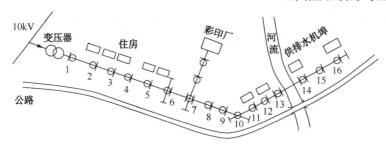

图 6-6　输电杆位的确定（线路平面简图）

3）输电杆型的选用

低压输电杆型。低压输电杆的杆型有直线杆、直线耐张杆、小角度转角杆、大角度转角杆、分支杆、终端杆（起端杆）和跨越杆等几种类型。

（1）直线杆。直线杆也称中间杆，用于线路直线段，绝缘子可采用针式，也可用蝶式，一般不设拉线。当一段直线线路中直线杆的数量较多时，可设"人"字形防风拉线，以增加线路的抗风防倒性能。直线杆与横担、绝缘子组装外观结构如图 6-7 所示。图中铁横担尺寸为 50mm×5mm×1500mm 镀锌角钢，横担垫铁尺寸为 50mm×5mm 拉线抱箍尺寸为 50mm×5mm。

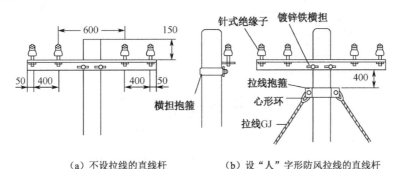

（a）不设拉线的直线杆　　（b）设"人"字形防风拉线的直线杆

图 6-7　直线杆与横担、绝缘子组装外观结构

（2）直线耐张杆。直线耐张杆用于长直线路的分段处，导线断连，一般采用蝶式绝缘子。当线路施工或故障时，电杆要承受单侧导线的拉力，为加固电杆，常在顺线路方向择杆加"人"字形拉线，也可加"十"字形或"X"形拉线。直线耐张杆与横担、绝缘子组装外观结构如图 6-8 所示。图中采用双横担结构，顺线路方向用"人"字形拉线。

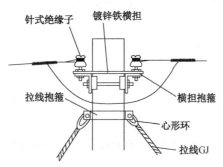

图 6-8　直线耐张杆与横担、绝缘子组装外观结构

（3）小角度转角杆。0°～15°的转角杆用单横担、针式绝缘子，转角外侧用一条分角拉线，如图6-9所示。15°～30°的转角杆用双横担、双针式绝缘子，转角外侧用一条分角拉线，如图6-10所示。

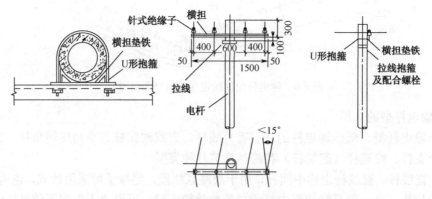

图6-9　0°～15°小转角杆与横担、绝缘子组装外观结构

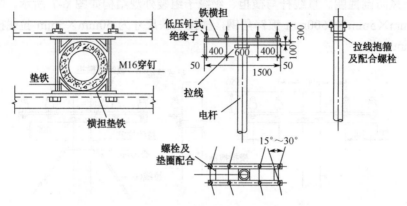

图6-10　15°～30°小转角杆与横担、绝缘子组装外观结构

（4）大角度转角杆。30°～45°的转角杆用双横担、蝶式绝缘子、导线断连，转角外侧用2条背后拉线，如图6-11所示。45°～90°的转角杆用双层横担，每一层用双横担抱合、蝶式绝缘子、导线断连，转角外侧用2条背后拉线，如图6-12所示。

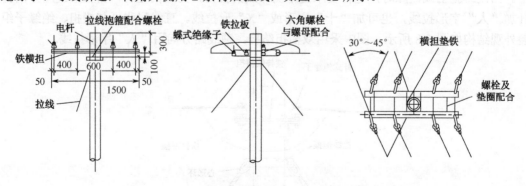

图6-11　30°～45°大转角杆与横担、绝缘子组装外观结构

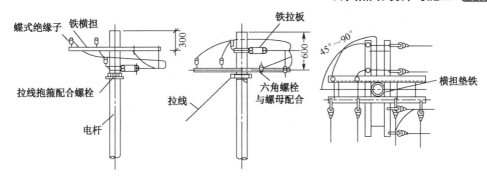

图 6-12　45°～90°大转角杆与横担、绝缘子组装外观结构

（5）分支杆。分支杆又分为直线分支杆和转角分支杆两种。直线分支杆如图 6-13 所示，其中，图 6-13（a）为"十"字形分支杆，主干线的双横担与分支干线的双横担垂直分层，均作普通耐张杆处理；图 6-13（b）为"T"形分支杆，主干线单横担作直线杆处理，分支线用双横担设背后拉线，作终端杆处理，横担垂直分层。30°以上转角分支杆在主干线中作30°及以上转角杆处理，在分支线路中作终端杆处理，如图 6-14 所示。图中，横担垂直分层，视具体条件设背后拉线。

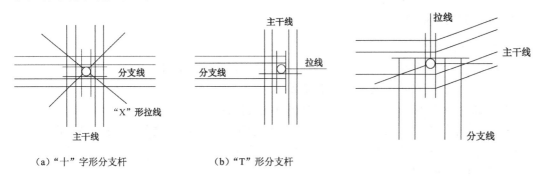

（a）"十"字形分支杆　　　（b）"T"形分支杆

图 6-13　直线分支杆的结构　　　　　图 6-14　30°以上转角分支杆的结构

（6）终端杆（起端杆）。终端杆与起端杆所使用场合不同，结构作用则一样，一般用单侧耐张杆形式处理，横担分单横担和双抱合横担两种形式，采用蝶式绝缘子，导线分断，设置背后拉线，如图 6-15 所示。

（a）双抱合横担终端杆　　　　　　（b）单横担终端杆

图 6-15　终端杆的结构

（7）跨越杆。线路跨越铁路、公路、河流、湖泊时要用跨越杆抬高线路，使线路符合规程要求。当跨度较大时，应用"人"字形防风拉线，导线用双蝶式绝缘子固定，如图 6-16 所示。跨越杆一般不作为转角杆、分支杆、耐张杆。

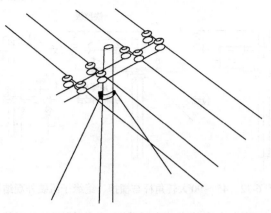

图 6-16　跨越杆的外形结构

温馨提示 ●●●●●

　　输电杆的杆型选择方法：由线路杆位确定，见前面图 6-6 线路平面简图所示。在线路中，杆型确定较为简便，若是直线杆位就选直线杆；若是耐张杆位就选耐张杆；若是转角杆位就选转角杆。

3．设计方案的确定

1）绘制线路平面图

线路施工平面简图见图 6-6。在一般的施工平面图中应有以下标注。

（1）线路各段的档距、线路转角的度数。

（2）线路中各杆位、杆型、杆高、拉线方式及位置。

（3）线路平面方位、与变台连接地点、沿线建筑物与被跨物之间的跨距、跨高。

（4）线路采用的导线型号、弧垂、拉线型号及施工要点等。

2）开出线路施工材料清单

材料清单一般以表格形式完成，表内包括电杆型号及数量、横担型号及数量、绝缘子型号及数量、导线型号及长度、拉线型号及长度，此外还应列出线路金具的型号、规格、数量等，一般采用分杆、分档开列，然后汇总。

任务二　公共照明线路的施工

　　随着社会经济发展水平的提高，城市化进程的加快，一片片住宅小区拔地而起。小区公共照明作为小区生活环境的一部分，越来越受到社会的关注。如何按照城市公共照明设计标准的要求，使小区亮灯设计安全、美观、节能，是一个不可忽视的课题。

1．对线路施工的要求

　　小区公共照明和人们的日常生活息息相关，和谐的照明不仅能给人们生活、工作带来方便，给出行、休闲带来愉悦，同时，小区公共照明也还要注重照明安全、照明节能、照明环保等其他一些方面，见表 6-1 所列。

表 6-1　涉及小区内路灯照明的五个方面

涉及的方面	说　明
路灯布置	小区内道路照明灯具的排列与布置有四种基本形式，即单侧布灯、中央布灯（包括中央单灯布灯、中央对称布灯）交错布灯和对称布灯等。一般主干道路上采用双侧布灯。双侧布灯大体有两种方式：一种是对称布置；另一种是交错布置。两种布置各有优劣。对称布置的优点是比较美观，但不足之处是照度不够均匀，适合较宽的道路。交错布置在美观上虽然不如对称布灯，但照度比较均匀。考虑到住宅小区内道路照明在满足功能性的前提下，更要注重美观性，可选择一些外形美观的庭院灯
光源选择	目前路灯照明所采用光源的主要类型有金属卤化物灯、高压钠灯及节能灯（紧凑性荧光灯）等。其中，高压钠灯具有发光效率高、节能、色温适中等优点，在路灯中使用非常广泛。对于路宽超过 8m 的道路，应考虑采用截光或半截光型的功能性路灯灯具。在光源的选择上，可优先考虑光效高的高压钠灯、金属卤化物灯，平均照度一般控制在 1～5Lx。一般道路及支路上选用节能灯（紧凑性荧光灯），平均照度应比主干道低，一般控制在 0.5～3Lx。这样可使整个小区富有层次感，同时可为低层住房提供一个柔和的户外环境。在绿化景点处可以采用庭院灯与适量的草坪灯相结合的方式布置灯具，住宅小区中一般不考虑使用泛光灯渲染环境，很容易对周围居民造成光污染。在设计中应选用带有反射罩的灯具，避免光源受到自然或人为破坏。反射罩位于灯具上方既保护了光源，其多样的形式也为小区的环境增加了一个亮点，尤其适于树木繁密的小区。 近年来，LED 新型光源正逐步走进人们生活中。LED 光源具有光效高、寿命长、节能环保的特点。质量好的 LED 光源光效是白炽灯的 7～10 倍，节能荧光灯的 2～3 倍，金属卤化灯的 1.5～1.8 倍，高压钠灯的 1.2～1.4 倍，使用寿命可达 50000 小时以上。随着 LED 光源制造技术的不断成熟和改进，生产成本会越来越低，必将成为照明光源的主力军
路灯控制	路灯控制的方式有直接控制、时钟控制、光控制、计算机智能控制和自供电光控五种，见表 6-2 所列
供电系统选择	小区道路路灯供电可根据供电回路路灯数量的多少和供电距离的远近，选择 380V 或 220V 供电系统。 380V 供电系统用于路灯数量多、功率大、供电距离远的小区道路照明，路灯相序标注应保证三相负荷平衡，且相邻 3 盏灯分别接在不同的相序上，这样做不仅能够尽量减少负载电流在电缆铠装外皮或金属保护管上产生的涡流损耗，而且还能更有效地减弱路灯频闪效应给人们带来的视觉不适感。 220V 供电系统用于路灯数量少、功率小、供电距离近的小区道路照明。但应保证三相电源进线处三相的基本平衡，供电线路导线截面积的选择除了满足负荷电流要求外，还应满足线路末端压降不超过 10%的要求，否则，应适当加大线路导线截面积。如果小区面积较大，无法用一个路灯控制箱控制全小区的路灯时，可把小区分为若干个区域，设立若干个路灯控制箱控制本区域的路灯。每个控制箱的电源取自附近的柱上变电站或箱式变电站。路灯的控制系统采取统一的控制方式，保证小区内路灯同时点亮或熄灭
保护接地	小区内路灯安装于室外环境，经常遭受日晒、风吹、雨淋的影响，很容易使灯具受到机械损伤和绝缘下降而导致事故的发生。它暴露于公共场所当中，又没有等电位联结，大大增加了电击事故的发生率。因此灯具的金属外壳必须进行接地，设计采用 TT 系统接地，即灯具的接地装置与电源的接地装置分开，相互为独立的接地装置，每一个灯具分别引出接地线与接地干线连接。这样做的目的是为了避免当某一个路灯发生漏电时，将危险电位传至其他灯具上。为了行人的更加安全，每一个路灯供电回路都要加装漏电保护装置。三相供电时，加装四极漏电保护开关，单相供电时，加装二极漏电保护开关，额定漏电动作电流值不大于 30mA，确保当发生漏电事故时，能及时断开故障回路

表 6-2　路灯控制方式的说明

控 制 方 式	说　　明
直接控制方式	路灯直接由人控制。路灯控制箱一般安放在小区物业管理室内，路灯的开、关由物业管理人员掌握。此种控制方法一般用于小区面积较小、路灯数量较少的小区道路照明系统，具有控制灵活、方便的特点，但人为因素影响较大，随意性较强
时钟控制方式	路灯由时钟控制器控制。路灯控制箱可安放在小区物业管理室内或者室外合适的地方，通过钟控器预先设定的时间，控制路灯回路开关电器的通、断，进而控制路灯的亮、灭，具有控制时间可调，灵活、方便的特点
光控方式	路灯由光控器控制。路灯控制箱必须安放在小区室外合适的地方，通过光控器感知周围环境的亮度，控制路灯回路开关电器的通、断，进而控制路灯的亮、灭，具有适应季节变化性强的特点，但应定时对光控器进行清洁
计算机智能控制方式	路灯由计算机智能控制系统控制，通过预先编制好的计算机控制软件，控制路灯回路开关电器的通、断，进而控制路灯的亮、灭，控制方法灵活多变。例如，对照度较高的道路路灯，由于后半夜人流量、车流量较少，在亮度不需要太高的情况下，在午夜 12：00 点以后由计算机智能控制系统控制一部分路灯熄灭，以达到节约电能的目的，是路灯控制方式的发展方向
自供电光控方式	近几年来，出现一种新型照明灯具，采用功耗小、发光效率高的 LED 型光源，由灯具自带的太阳能发电板和风能发电机供电，通过光控开关控制路灯的亮、灭，剩余的电能由蓄电池储存起来，因此，无论何种天气，路灯都能够正常照明。这种不需要外电源的路灯最符合国家绿色照明、低碳生活的方针，应用领域及前景十分广阔

2. 共用线路的架设形式

　　共用照明线路的施工一般分"低压架空线路"和"低压地埋线路"两种形式。所谓低压架空线指的是单芯绝缘导线通过电杆架设，向用户供电的电力线路。所谓低压地埋线路指的是用塑料作绝缘层和护套层的单芯绝缘导线，直接埋在地下，向用户供电的电力线路。

　　1）架空线的施工

　　（1）架空线的组成。

　　低压架空线由导线、低压绝缘子、金具、低压横担和电杆、拉线等组成，如图 6-17 示。

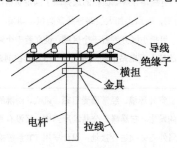

图 6-17　低压架空线的基本组成

　　① 低压绝缘子。低压绝缘子常见的有针式和蝶式两种，此外还有用于低压杆上的拉线绝缘子。其主要作用是增强架空线路的绝缘性能，当线路出现故障时，使拉线绝缘子以下部分不带电，起安全保护作用。低压绝缘子的外形如图 6-18 所示；低压针式绝缘子规格及与导线的配合见表 6-3 所列。低压蝶式绝缘子规格及与螺栓的配合见表 6-4 所列。

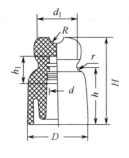

（a）针式绝缘子

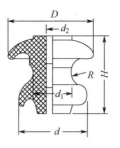

（b）蝶式绝缘子

图 6-18　低压绝缘子的外形

表 6-3　低压针式绝缘子规格及与导线的配合

低压针式 绝缘子型号	主要尺寸（mm）								适 用 导 线
	D	H	R	r	h_1	h	d	d_1	
PD_1-1	88	110	10	7	38	79	22	45	LJ-50～LJ-70
PD_1-2	71	90	7	5	32	62	18	40	LJ-25～LJ-35
PD_1-3	54	71	6	4	32	46	15	31	LJ-16

表 6-4　低压蝶式绝缘子规格及与螺栓的配合

低压蝶式 绝缘子型号	主要尺寸（mm）						配 合 螺 栓
	D	H	d	d_1	d_2	R	
ED-1	120	1000	22	95	50	12	M16×120
ED-2	90	80	20	78	10	10	M16×110
ED-3	75	65	16	65	8	8	M12×100

常见拉线绝缘子的外形如图 6-19 所示。拉线绝缘子规格及适用拉线的型号见表 6-5 所列。

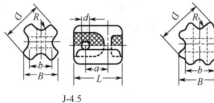

J-4.5　　　　　　　　　　J-9

图 6-19　常见拉线绝缘子的外形

表 6-5　拉线绝缘子规格及适用拉线的型号

型　　号	主要尺寸（mm）							耐压试验电压 （kV）	适用拉线 型　号
	L	B	D	R	a	b	d		
J-4.5	90	58	64	10	42	45	10	15	GJ-35
J-9	172	80	99	14	65	60	25	25	GJ-50

②　金具。低压架空线路的金具种类有很多，见表 6-6 所列。

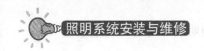

表6-6　低压架空线路的金具形式

名　称	示　意　图	说　明
钺板	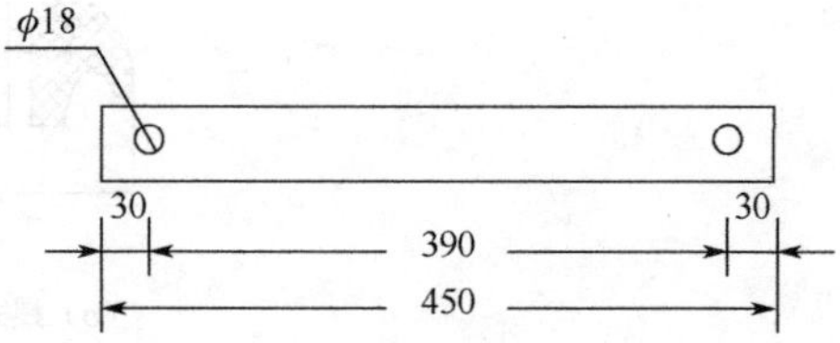 $\phi18$ 30　390　30 450 50×5×450	钺板通常当导线横担排布不对称时，横担受力不平衡，用钺板支撑横担，使其牢固。 钺板一般用角钢制成（左图所示），其一端用 U 形抱箍固定在电杆上，另一端与所支撑的横担连接
横担抱箍与横担垫铁	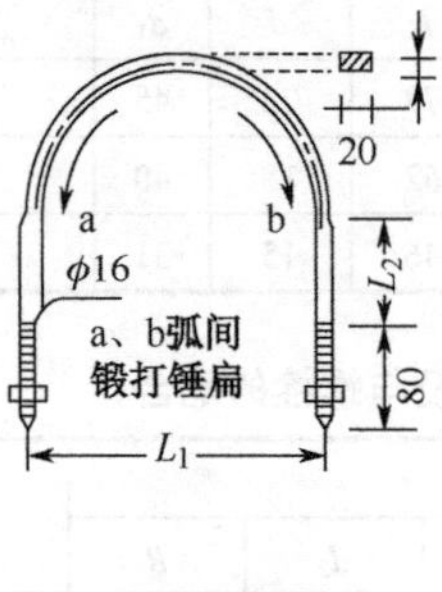 20 a　b $\phi16$ a、b弧间锻打锤扁 L_1 （a）横担抱箍 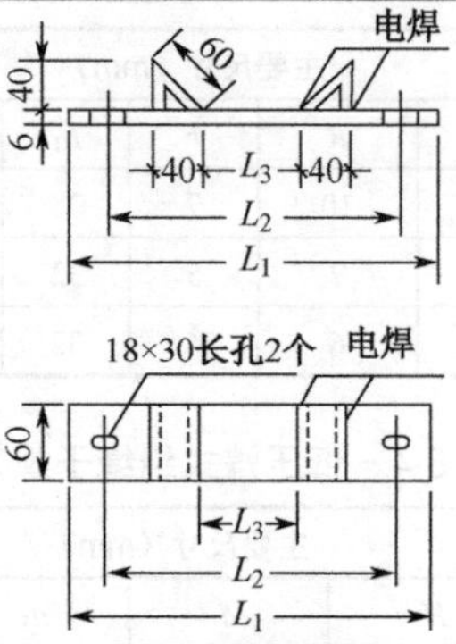 电焊 6、40 40 L_3 40 L_2 L_1 18×30长孔2个　电焊 60 L_3 L_2 L_1 （b）横担垫铁	主要用于将横担固定在电杆上。在组装时，横担抱箍应与横担垫铁配合。左图所示，适用$\phi150$电杆 L_1=170，L_2=70，L_3=65，横担垫铁一般用 6mm×60mm 扁铁制成
半圆夹板	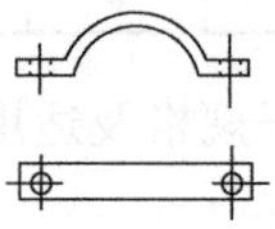 半圆夹板 （a）半圆夹板 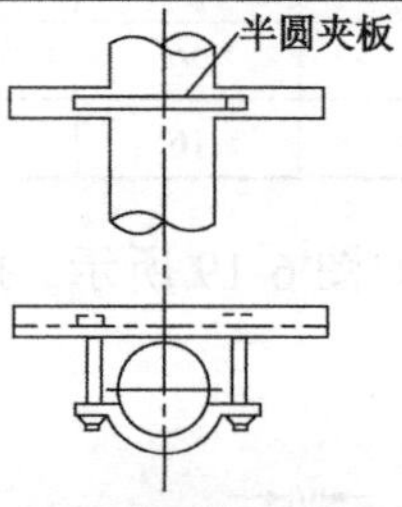 （b）用半圆夹板固定	主要作用也是将横担固定在电杆上。组装时应与穿心螺钉配合
曲形垫	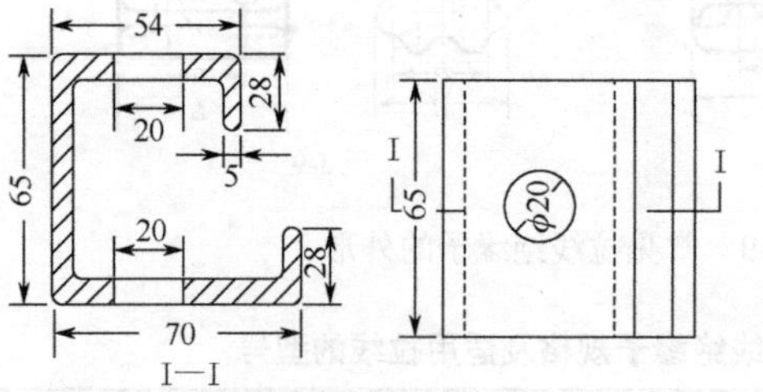 54 28 20 5 65 20 28 70 I—I （a）曲形垫外形尺寸 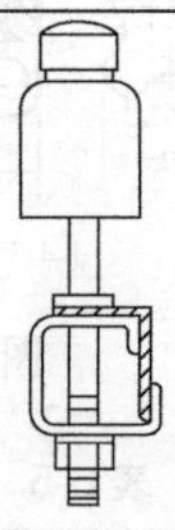 I 65 $\phi20$ I （b）低压针式绝缘子在横担上安装	用于针式绝缘子的安装
拉板	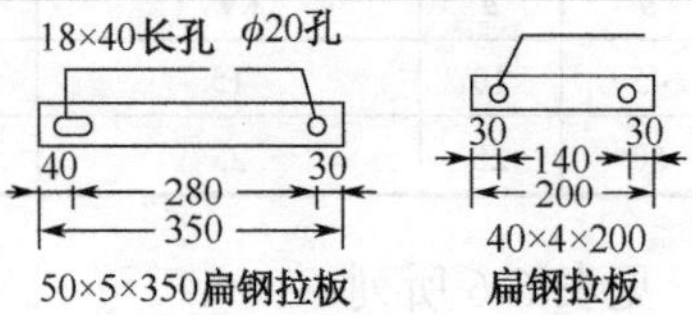 18×40长孔 $\phi20$孔 40　280　30 350 50×5×350扁钢拉板 （a）直拉板 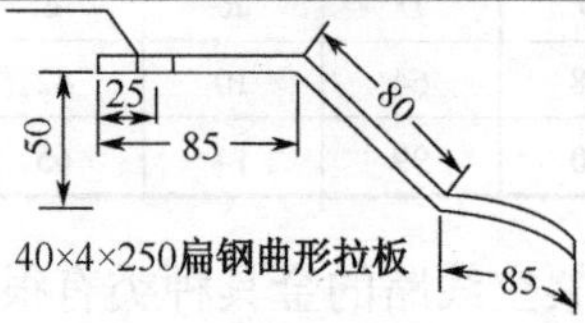 30 140 30 200 40×4×200扁钢拉板 25 50 85　80 40×4×250扁钢曲形拉板 85 （b）曲形拉板	拉板分为直拉板和曲形拉板两种，用于低压蝶式绝缘子的安装

名　称	示　意　图	说　明
拉线抱箍		主要用于将拉线固定在电杆上，用 50mm×5mm 扁铁制成。对于低压线路中常用的 $\phi150$ 电杆，抱箍内径 D 取 160mm
穿心螺钉、心形环、花兰螺栓	穿心螺钉 心形环 花兰螺栓	穿心螺钉主要用于绝缘子、横担等的连接紧固 心形环用扁铁制成，常与拉线配合使用 花兰螺栓用于调整拉线松紧
拉线底盘	$\phi19$圆钢　$\phi14\sim16$ U形环 10~12铁板 （a）U形环式拉线底盘　（b）拉线耳棒及连接	拉线底盘又称拉线盘、地锚，埋在地下用于固定拉线。拉线底盘一般用 $\phi6$ 钢筋和 C20 级水泥预制而成。拉线底盘规格常用的有 800×400×160mm²、700×35400×160mm²、600×300×120mm²、500×250×150mm² 等

③ 低压线路横担。低压线路横担一般是用涂锌角钢制成的，如图 6-20 所示。横担上 $\phi20$ 或 $\phi18$ 孔×3 或 4 个用于安装绝缘子。其中 18×30，长孔用于穿横担抱箍或安装支撑角钢。

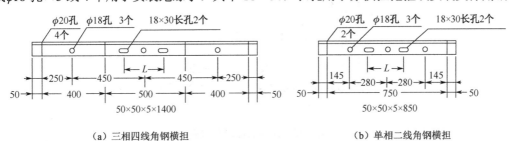

（a）三相四线角钢横担　　　　　　　　　（b）单相二线角钢横担

图 6-20　低压线路横担的外形

温馨提示 ● ● ● ● ●

孔制成椭圆形的目的是为调节留有余地。

④ 电杆。电杆的规格型号有很多，常用水泥制成锥形，如图6-21所示。380/220V三相四线低压线路中，较常用的是φ150杆。电杆长度一般不少于8m。

图6-21　水泥锥形电杆

⑤ 拉线。拉线主要作用是抵抗导线自身负荷重张力、风力，以及导线在冬季积雪时附加的荷重张力，使电杆趋于受变力平衡，增加牢固程度和稳定性，减少倒杆事故发生。拉线通常采用涂锌的钢胶线，见表6-7列。

表6-7　拉线与线路导线截面积配合表

相 线 制	受力侧横担根数	适合拉线的类型	架空导线截面（mm²）			
			16～25	35	50～70	95～120
单相二线	1	普通型	GJ-25	GJ-25	GJ-35	GJ-35
	2					
三相四线	1		GJ-25	GJ-35	GJ-35	GJ-50
	2					
	3	V 型	GJ-25×2	GJ-35×2	GJ-35×2	GJ-50×2

温馨提示 ● ● ● ●

表中 G 表示钢，J 表示胶线，数字表示截面积。

拉线的长度取决于拉距与拉高，如图6-22所示。用 r 表示距高比，则 r 的取值范围在0.75～1.25之间，一般情况下取值 $r=1$ 为宜。

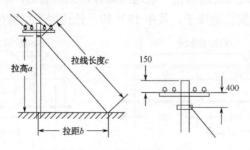

图6-22　拉线的拉距与拉高

（2）施工准备工作。

低压架空线的施工一般分为电杆的搬运、杆坑的挖掘、杆头的组装、电杆的起立、线路的架设、弧垂的调整及通电试运行等。

① 杆头的组装。电杆运到杆坑附近后，一般先在地面上进行杆头组装，安装上横担及绝缘子，需设拉线的电杆还应安装上拉线抱箍，然后进行立杆，这样较为简便。杆头的组装如下。

a．横担的安装。

单横担在电杆上的安装。安装材料包括镀锌铁横担、横担抱箍、垫铁等。单横担组装，如图 6-23 所示。

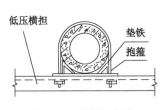

图 6-23　单横担组装

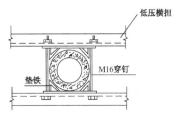

图 6-24　双横担抱合组装

双横担在电杆上抱合式安装。安装材料包括规格相同的镀锌铁横担 2 根、垫铁 2 块、M16 穿钉 2 根及配合螺母、垫圈等。双横担抱合组装，如图 6-24 所示。

b．绝缘子的安装。

低压针式绝缘子在横担上的安装，如图 6-25（a）所示。低压蝶式绝缘子在横担上的安装，如图 6-25（b）、（c）所示。

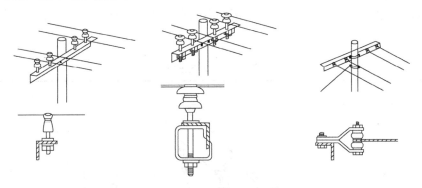

（a）低压针式绝缘子安装　（b）低压蝶式绝缘子竖立安装　（c）低压蝶式绝缘子曲形拉板安装

图 6-25　绝缘子在横担上的安装

② 杆坑的挖掘。杆坑的挖掘。低压电杆坑的坑形有方形坑和圆形坑两种，坑深根据杆型的长度、半径及土质等要求确定。在城镇街道地段应选择 12m 及以上的电杆，相关型号及技术数据，见表 6-8 列。

表 6-8　锥形预应力水泥电杆号及技术数据

杆号	杆长 （m）	杆重 （kg）	稍部直径 （mm）	底部直径 （mm）	地面允许 弯距 （kN×m）	距杆顶 1.0m 允许弯矩 （kN×m）	电杆埋深 （mm）
杆 51	6.5	310	150	237	11.0	6.7	1.2
杆 52	7.0	340	150	243	11.6	6.7	1.2
杆 53	7.5	380	150	250	12.2	6.8	1.5
杆 54	8.0	410	150	257	13.0	6.8	1.5

续表

杆号	杆长 (m)	杆重 (kg)	稍部直径 (mm)	底部直径 (mm)	地面允许 弯距 (kN×m)	距杆顶1.0m 允许弯矩 (kN×m)	电杆埋深 (mm)
杆55	8.5	450	150	263	13.4	6.8	1.6
杆71	7.0	390	170	263	13.3	8.3	1.2
杆72	8.0	460	170	276	17.5	10.1	1.5
杆73	8.5	500	170	283	18.2	19.2	1.6
杆74	9.0	540	170	290	18.8	10.2	1.6
杆75	10.0	620	170	303	20.8	10.2	1.7
杆76	11.0	710	170	316	22.0	10.3	1.8
杆91	10.0	190	190	323	22.9	12.3	1.7
杆92	12.0	870	190	350	26.6	12.4	1.9

温馨提示 ●●●●

　　杆坑的作用是增强电杆抗御竖直向下压力与水平横向拉力的能力，即减少电杆对底土的压强，提高电杆的稳定性。

　　（3）立杆操作。

　　① 电杆的起立。水泥电杆的起立常用的有汽车起重机立杆、绞车立杆和倒落式立杆等3种，见表6-9列。

表6-9　电杆起立的方式

起立方式	示意图	说明
汽车起重机立杆		汽车起重机立杆适合公路沿线水泥电杆的起立，有安全高效的优点
绞车立杆	钢钎　滑轮组　电杆　钢丝拉绳　杆坑　人字抱杆　绞车　引导滑轮	绞车立杆较为省力

起 立 方 式	示 意 图	说 明
倒落式立杆	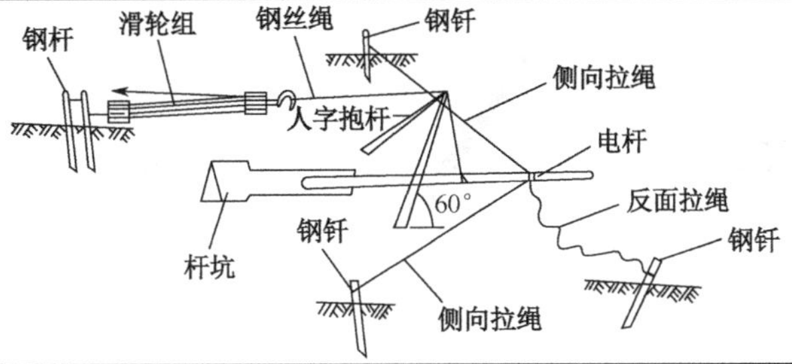	倒落式立杆较为省力、方便

温馨提示 ●●●●●

立杆注意检查：电杆的质量、电杆（杆头）组装完成情况，杆坑的挖掘是否符合标准要求；立杆工具是否完好，排列布置是否得当；立杆结束后，回土填埋与杆基夯实等情况。

② 拉线的操作。电杆拉线在前期准备工作后即可进行操作，其一般顺序是：挖拉线坑、埋设拉线盘，并将备好的拉线上把和下把，以及拉线绝缘子等部件进行安装。拉线把及拉线绝缘子等部件的操作，见表 6-10 所列

表 6-10 拉线把及拉线绝缘子等部件的操作

名 称	示 意 图	说 明
上把		上把操作方式较多，常见的有捆扎式、T 形扎式、U 形扎式等，左图所示是 U 形扎式
拉线绝缘子	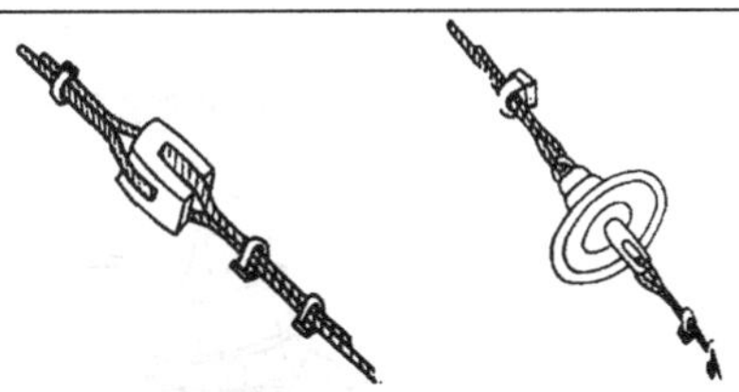 （a）　　　（b）	拉线绝缘子的上侧、下侧操作相同。在一些特殊场合也可以采用高压绝缘子作拉线绝缘子，此时上侧、下侧操作，如左图（b）所示
花兰螺丝把线	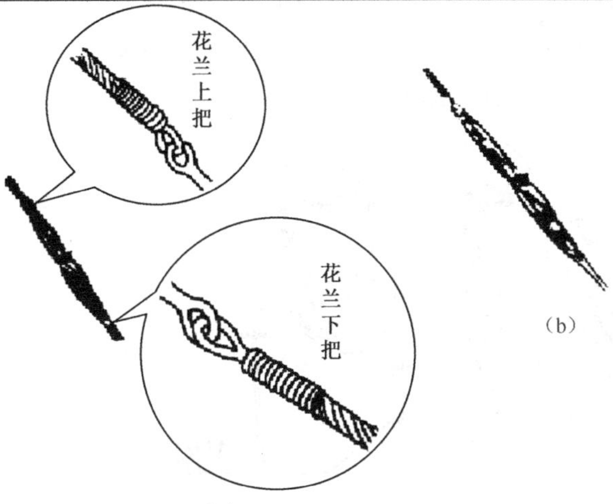 （b） （a）	花兰螺丝的上侧、下侧把线操作，如左图（a）所示；在一些拉线中，花兰螺丝的下侧直接与拉线底盘的拉耳环连接，如左图（b）所示

续表

名　称	示　意　图	说　明
下把	（a）UT形扎式下把　　（b）捆扎式下把	常见的UT形扎式和捆扎式下把，如左图（a）、（b）所示

（4）线路架设。

①　放线与挂线。导线一般采用放线架放线，方法是把导线盘顺架线方向架成悬空，如图6-26所示。图6-26（a）、（b）、（c）所示为导线盘的架起方式。放线过程中如需紧急停放，可用木杠斜插入线盘下部制动。图6-26（d）所示为无线盘的钢绞线或铁线的架起方式。

放线与挂线操作：放线与挂线作业的方式较多，一般应根据场地条件选用适合的方式。如果场地比较平整、线路较短，可以先将导线沿线路展放于地面，然后由电工登杆将导线提上横担依次排放整齐，如图6-27所示。

（a）地坑式放线槽　　　　　　　　　　　（b）担架式放线

（c）放线架　　　　　　　　　　　　　（d）竖盘式放线

图6-26　放线盘的安装

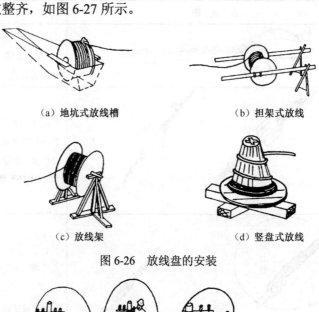

图6-27　放线与挂线操作

温馨提示 ●●●●

　　放线挂线作业时，应注意以下几点。

　　① 三相四线电路在放线挂线时，应一条一条地分次进行为宜，四条导线放挂的顺序是"先放挂电杆内侧的2条导线，再放挂电杆外侧的2条导线"，注意不要纠缠错位。

　　② 放挂线时，线盘处应留专人看管，认真查看导线质量及线盘运转状况，若发现问题，及时打信号制动停放，并按规程作相应的处理。

　　③ 在放线时，要匀速进行，防止导线硬弯或打小卷。遇到电杆拉线时，应从外侧绕过，并避免导线与拉线接触磨刮。

　　④ 在拉线行进过程中若遇阻力增大时，不可强行拉动，应及时进行查处。

　　⑤ 在导线过跨越架时，应在跨越架上装挂线滑轮，使导线穿行于挂线滑轮槽中前行，或在跨越架顶杆上垫麻布块，让导线置于麻布上前行，使导线免受机械损伤。

　　② 紧线与调整。导线经挂线上杆后，接着是紧线作业，紧线作业应分段进行。它一般分为单相双线紧线作业与三相四线紧线作业两种，见表6-11所列。

表6-11　紧线作业方式

作业方式	示意图	说明
单相双线紧线作业	导线 滑轮 滑轮 拉绳 拉 地锚	先将双线的起始端分别固定于起点杆的蝶式绝缘子上，若处于耐张杆或大转角杆分断处，则固定于耐张分段蝶式绝缘子上，将双线的终端用滑轮牵拉；若导线不太长，又比较细，也可用人力平稳匀速牵拉，如左所示。牵拉时，应使跨于挂线滑轮上的双线均匀受力，然后用紧线器分别卡住导线端头，将紧线器定位钩挂牢在终端杆或耐张杆上紧线
三相四线紧线作业	滑轮 滑轮 滑轮 拉绳 拉 地锚 （a）先紧中间两线 　 滑轮 滑轮 拉绳 拉 地锚 （b）再紧两边条线	三相四线紧线作业时，先紧中间两线，然后再紧两条边线，紧线的方法与单相双线紧线方法相同，如左图所示。先将中间两线紧线至松紧适当，弧垂符合要求时，即可在导线上划出记号，绑扎蝶式绝缘子套环，将导线固定在绝缘子上，然后再将两条边线收紧，按上述操作后固定在蝶式绝缘子上

温馨提示 ●●●●

　　紧线作业时，应注意：单相双线和三相四线线路中，有一条为零线，采用的导线型号与同杆的相线型号不一定相同。若零线与相线型号不同，则零线对横担的拉力与相线的不同，为保持横担受力平衡，对零线的弧垂及在横担上的位置要进行相应的调整；若零线与相线型号相同，则在同一档距中。

　　导线弧垂，又称导线弛度。在导线紧线时，规定的弧垂大小与导线型号、档距、本地极端气象条件，以及弧垂观测时的气温有关系。各地区电力部门均备有适合本地区导线紧线时，对各种型号、规格导线的弧垂要求。表6-12、6-13、6-14为我国部分地区低压线路常用的导线弧垂，可供参考。

表 6-12　LJ-25 导线安装弧垂表

（最大风速 n=25m/s，覆冰厚度 b=5mm，安全系数 K=2.5）

线路档距 （m）	在下列气温紧线时，导线的安装弧垂（观测弧垂/m）					
	−10℃	0℃	10℃	20℃	30℃	40℃
40	0.12	0.16	0.24	0.35	0.46	0.57
50	0.18	0.26	0.34	0.48	0.62	0.74
60	0.29	0.39	0.52	0.68	0.83	0.99
70	0.46	0.61	0.78	0.96	1.12	1.28
80	0.72	0.91	1.10	1.28	1.45	1.61

表 6-13　LJ-35 导线安装弧垂表

（最大风速 n=25m/s，覆冰厚度 b=5mm，安全系数 K=2.5）

线路档距 （m）	在下列气温紧线时，导线的安装弧垂（观测弧垂/m）					
	−10℃	0℃	10℃	20℃	30℃	40℃
40	0.12	0.16	0.24	0.35	0.46	0.57
50	0.18	0.26	0.34	0.48	0.62	0.74
60	0.26	0.34	0.47	0.62	0.78	0.93
70	0.39	0.51	0.66	0.83	1.01	1.17
80	0.58	0.74	0.99	1.12	1.30	1.47

表 6-14　LJ-50 导线安装弧垂表

（最大风速 n=25m/s，覆冰厚度 b=5mm，安全系数 K=2.5）

线路档距 （m）	在下列气温紧线时，导线的安装弧垂（观测弧垂/m）					
	−10℃	0℃	10℃	20℃	30℃	40℃
40	0.12	0.16	0.24	0.35	0.46	0.57
50	0.18	0.26	0.34	0.48	0.62	0.74
60	0.26	0.34	0.47	0.62	0.78	0.93
70	0.35	0.46	0.60	0.77	0.95	1.11
80	0.48	0.61	0.78	0.97	1.17	1.35

　　线路弧垂的测量：一般要用两支同规格的弧度测量尺进行。弧垂的测量与调整方法，如图 6-28 所示。由两位施工人员分别登上待测两端的电杆，各自将横尺定位于标准的垂弧数值处，把测量尺勾在同一条导线的靠近绝缘子处，相对观察，若导线下垂最低点与两测量尺的横尺上沿在同一直线上，则导线弧垂符合要求；若不在同一直线上，则应通过紧线器的缩放加以调整。

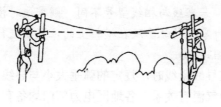

（a）弧垂的测量　　　　　　　　　（b）弧垂的调整

图 6-28　弧垂的测量与调整

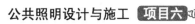

③ 导线的固定。导线在绝缘子上的固定（绑扎）方法，见表 6-15 所列。

表 6-15　导线在绝缘子上的固定（绑扎）

导线固定方法	示　意　图	说　明
针式绝缘子 导 线 在 绝 缘 子 顶 部 的 绑 扎 法	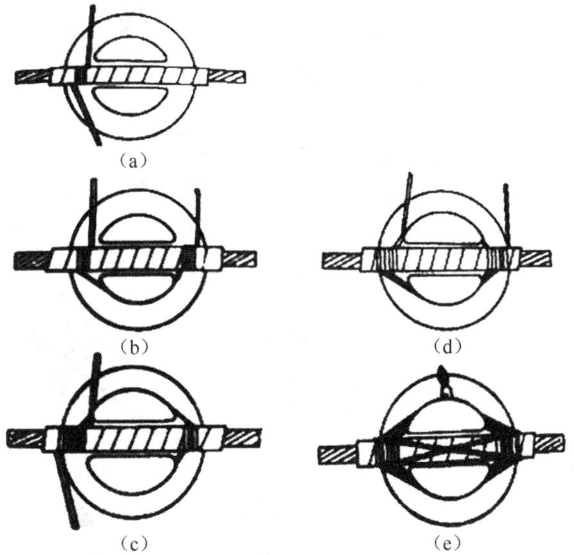 （a） （b）　　（d） （c）　　（e）	顶部绑扎法适用于导线在直线杆针式绝缘子上，其绑扎方法，如左图所示
导 线 在 绝 缘 子 侧 部 的 绑 扎 法	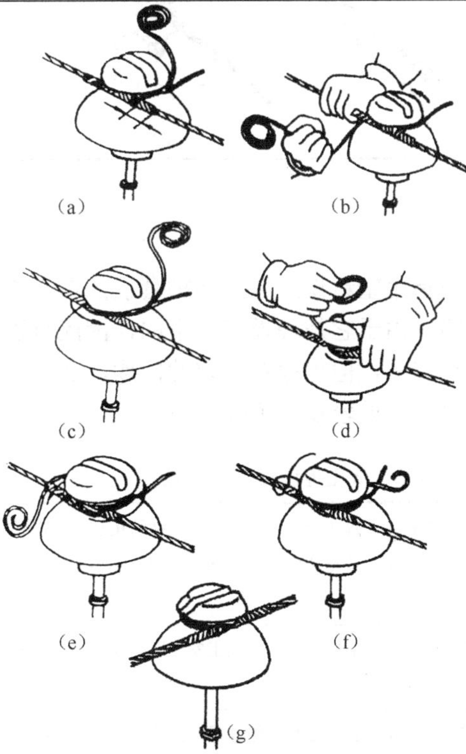 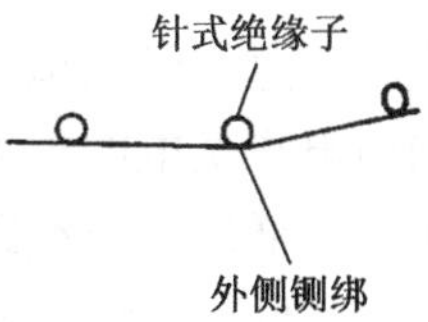 （a）　　（b） （c）　　（d）　针式绝缘子　外侧侧绑 （e）　　（f） （g）	侧部绑扎法适用于 30°及以下的小角度转角杆。要使导线不断连，导线必须绑扎在转角的绝缘子外侧，以减小导线对绑线的作用力，其绑扎方法，如左图所示

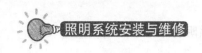

导线固定方法		示　意　图	说　明
蝶式绝缘子	导线在直线杆或小转角杆蝶式绝缘子上的绑扎	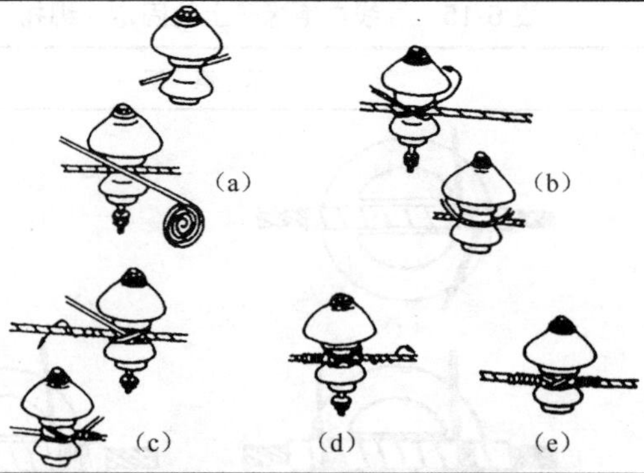 (a) (b) (c) (d) (e)	导线在直线杆或小转角杆蝶式绝缘子上的绑扎方法与针式绝缘子类似
	导线在耐张杆、终端杆或大角度转角杆绝缘子上的绑扎	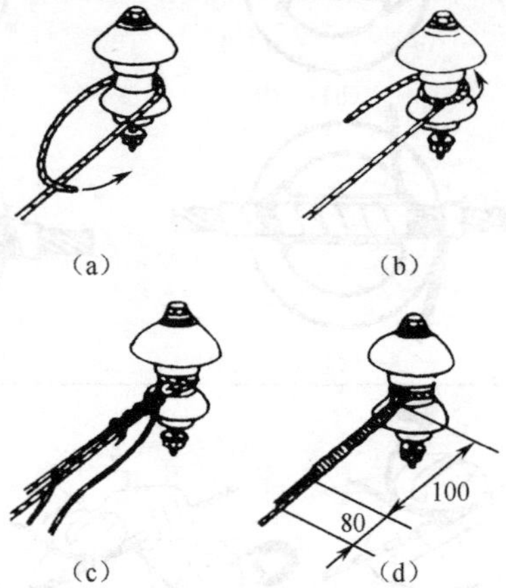 (a) (b) (c) (d) 80 100	导线在耐张杆、终端杆或大角度转角杆绝缘子上的绑扎方法，如左图所示

2）低压地埋线的施工

（1）低压地埋线路简介。

前面已经说过：低压地埋线是指用塑料作绝缘层和护套层的单芯绝缘导线，直接埋设在地下，向用电户供电的电力线路。由于它是埋设在地下的，因此有别于架空线路。低压地埋线路相对于低压架空线路优点较多，但也存在一定的问题，在应用中，应根据实际采用不同的方式。低压地埋线的优缺点，见表6-16所列。

表6-16　低压地埋线的优缺点

优点	（1）线路安全可靠性较高。地埋线路由于埋设于地下，可以较好地防止触电伤亡事故的发生。同时可免受雷电风暴等自然灾害的侵袭，避免与其他电力线路和电信、广播、有线电视线路和计算机网线的交跨，减少了事故隐患
	（2）线路施工周期缩短。地埋线路施工相对较为简单，施工安全性较高，有利于将施工工程分段同步进行，使施工时间大为缩短
	（3）线路投资减少。地埋线路由于不用电杆、金具、绝缘子、拉线等材料，且线路可以尽量沿直线，因此，建设投资比架空线路减少1/4左右
	（4）便于维护管理。地埋线路可减轻沿线的清障、维护和检修的费用和工作量；有利于防止违章挂钩用电、私拉乱接、盗窃电线，保证线路安全，防止窃电；有利于提高供电企业的经济效益

缺点	（1）由于地埋线路直埋于地下，换线扩容等线路改造较困难
	（2）由于直埋地下，线路易受土壤腐蚀及鼠、虫等的侵害造成故障
	（3）给线路巡检查障带来困难，难以事先发现事故隐患，一般只能在线路出现事故后被动处理，且故障点要用专用仪器检测

① 低压地埋线路结构。

低压地埋线路的结构形式多样。图 6-29 所示为常见的一种结构形式。图中的 10kV 高压电经配电变压器、低压配电箱及低压地埋线后到接线箱，从接线箱接户供照明。

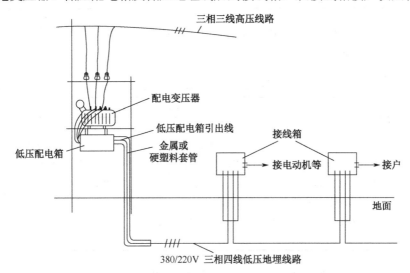

图 6-29　低压地埋线路常见结构

② 低压地埋线的选用。

a．低压地埋线的构造。低压地埋线由铝（铜）芯、绝缘层、护套层组成，如图 6-30 所示。采用铝（铜）芯截面为 6mm² 及以下规格的单股铝（铜）线或截面为 10mm² 及以上规格的多股铝（铜）绞线。由于其绝缘层和护套层均采用聚氯乙烯或聚乙烯塑料制成，故埋于土壤中的性能稳定，具有较长的使用年限。对于寒冷地区或有白蚁活动的地区，有专用型号的地埋线。

b．低压地埋线的型号。目前常用型号有 6 种，符号及含义表示，如下图 6-31 所示。

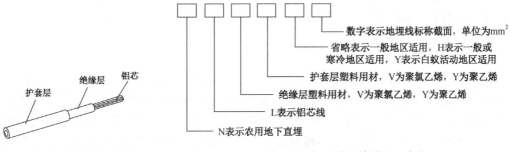

图 6-30　低压地埋线的构造　　　　　图 6-31　低压地埋线符号及含义

6 种地埋线的型号与适用地区，见表 6-17 所列。

表 6-17　地埋线型号及适用地区

型　号	名　称	适用地区
NLVV	直埋铝芯聚氯乙烯绝缘，聚氯乙烯护套电线	一般地区
NLVV-Y	直埋铝芯聚氯乙烯绝缘，防白蚁聚氯乙烯护套电线	白蚁活动地区
NLYV	直埋铝芯聚乙烯绝缘，聚氯乙烯护套电线	一般地区
NLYV-H	直埋铝芯聚乙烯绝缘，耐寒聚氯乙烯护套电线	一般及寒冷地区
NLYV-Y	直埋铝芯聚乙烯绝缘，防白蚁聚氯乙烯护套电线	白蚁活动地区
NLYY	直埋铝芯聚乙烯绝缘，黑色聚乙烯护套电线	一般及寒冷地区

c. 低压地埋线的相线、零线和引线选择。在确定了地埋线的型号与相数后，应按规程规定选择各类低压地埋线，见表 6-18 所列。

表 6-18　低压地埋线的相线、零线和引线选择

线　名	说　明
相线选择	选择相线截面时，除应满足线路从配电变压器低压侧出口到用电户端电压损失不大于额定电压的 10%、导线的最大工作电流不大于导线的安全电流外，地埋线的截面不应小于 $4mm^2$。同时低压地埋线的供电半径与低压架空线路一样，不宜大于 500m。低压地埋相线截面的选择可参照低压架空线路导线截面的选择方法来进行
零线选择	低压地埋线路的零线在型号上应与配合的相线型号相同。截面因线路相数不同而异，对于常用的三相四线制线路，零线截面不宜小于与之配合的相线截面的 50%；对单相二线制线路，零线截面应与相线截面相同，见表 6-19 所列
引线选择	对于一般容量用的引线截面，与零线选择类似

表 6-19　一般容量用的零线（相线）截面选择

线 路 相 数	三 相 四 线							单 相 二 线		
相线截面（mm^2）	4	6	10	16	25	35	50	4	6	10
零线截面（mm^2）	2.5	4	6	10	16	25	25	4	6	10

（2）低压地埋线的作业。

① 挖沟前的准备。

a. 组织施工人员学习相关条例、规定，搞好技术培训，讲清施工要求与注意事项。

b. 熟悉施工图纸，进行现场勘察，确保每一项设施的定位、安排更为合理。

c. 备齐施工工具和材料，对地埋线按要求进行检查，确保线路质量。

d. 对沿线场地进行清场，并用白石灰粉放线，标明接线箱位置。在穿越道路、河道处设立施工标志，作必要的防范。

② 线槽沟的开挖。

地埋线槽沟的形状可以有多种，一般槽沟截面为倒梯形状，如图 6-32 所示。槽沟深 1m 左右，北方地区应挖沟深至冻土层以下，深度不应小于 0.8m；沟底宽度一般为 0.5～0.6m；挖掘倾斜角视土质而定，一般取 20° 左右为宜，若土质坚硬黏性较强，倾斜角可略小些；若土质疏松则倾斜角可稍大；线路转向时，在拐弯处挖成圆弧形，拐弯半径不应小于地埋线外径的 15 倍，一般取 0.1～0.3m 为宜。

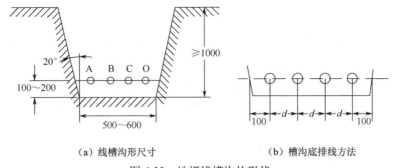

（a）线槽沟形尺寸　　　　　　（b）槽沟底排线方法

图 6-32　地埋线槽沟的形状

地埋线槽沟开挖时，应注意下列事项。

a. 一般三相四线地埋线槽沟形状尺寸可按图 6-32（a）所示开挖。若槽沟穿越公路、道路、河流、渠道或与其他线路交叉跨越时，在交叉跨越处应适当加深；对于同线路平行敷设通信、广播、光缆线时，沟底宽度应视实际情况加宽。

b. 槽沟经过起伏地段时，沟底部应随地势起伏挖成平滑起伏状沟底，避免地埋线在竖直方向因过度曲折而受损。

c. 槽沟开挖较常用的是连桩法。连桩法适用于田间地边、户外村外的槽沟开挖。其方法为在确定的路径上，以一个直线段为一个开挖区，每隔 15～20m 立下木桩，两木桩间为一段，各段可同时分几个施工组开挖，也可由一个施工组按顺序逐段开挖。待一条直线段的各小段全部挖掘完成后，可拔桩将各小段挖通。

d. 槽沟过墙进户时，应在墙的两边定位画线，分别开挖槽沟，然后按施工要求挖通墙基，完成槽沟的开挖。

③ 低压地埋线的埋设。

a. 地埋线在槽沟中的排列。常见的三相四线地埋线在槽沟底部的排线方法，如图 6-32（b）所示。图中面向负荷方向："从左侧向右侧相序排线为 A、B、C、O"。沟底应平实无尖硬石块等杂物，铺放一层 0.1～0.2m 厚的松软细砂土；线路外侧两线距沟侧水平距离以 0.1m 为宜；线间距离可取 0.05～0.1m，以取 0.1m 为宜；地埋线穿越公路、道路、沟渠段处应穿套铁管或硬塑料套管进行保护，管内不应有导线接头。

b. 地埋线在槽沟的施放。地埋线在槽沟中施放常用方法，见表 6-20 所列。

表 6-20　地埋线施放常用方法

名　称	适 用 条 件	放 线 方 法
车上放线法	导线规格较大，线路较长，地面无障碍，可行车	把线盘水平穿放在固定于马车或拖拉机车尾的放线架上，车沿槽沟不堆放土的一侧缓进，车上 2 人负责放线，车下 2 人跟车缓进，一人接线，一人将线平放于沟中
放线架放线法	工程较大，地埋导线较粗长，行车不方便	将线盘架固定于槽沟的一端，线盘穿于横轴上，放线时线轮随导线拖出转动，每隔 10m 左右派人提线沿沟侧缓行，待拖线完毕，再一起将导线托入槽沟中平放于沟底
分段放线法	户间房边，照明线路接户入户线路	一般每 100~200m 为一段，线盘放在线路末端，每盘 1 人放线，每户 2 人传线接线，线头放到用户的电度表对应处，多出的一段应超出地面 3m 左右，便于接表

温馨提示 ●●●●●

放线作业时，应注意：①放线时环境气温不应低于 0℃，应避免在雨雪天放线。②放线时严禁将导线放在地面上拖拉，以免磨损护套层和绝缘层，同时应防止导线扭折打卷和其他机械性损伤。③地埋线从沟沿处放入沟底时，应每隔 15~20m 在槽沟中站一人，由沟上施工人员将导线提交给站于槽沟中人，然后一起将整段导线平放在沟底排齐。④地埋线在槽沟底面上应水平蛇形排设，留有一定宽松度，宽松度控制在使弯曲成蛇形状导线的长度比直线多出 2%左右，使导线免受纵向拉力，也可防止以后地形上拱下沉左右曲折时被拉断。

c. 地埋线槽沟回填土方法。地埋线在槽沟中放排线结束后，应有专人核对导线相序，使整路导线都平行排列，并做好接头、接线箱的标记，做好线路与其他工程交叉处的护穿管或隔离板工作。在地埋线回填土过程中，为保证导线平直，使间距符合要求，要采用梳线耙。常用的三相四线地埋线梳线耙外形尺寸，如图 6-33 所示。

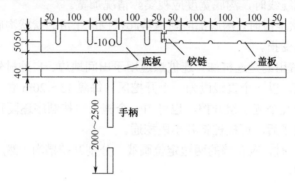

图 6-33 三相四线地埋线梳线耙外形尺寸

地埋线回填土操作步骤，见表 6-21 所列。

表 6-21 地埋线回填土操作步骤

步　骤	说　明
第一步	一般填土从电源端向负荷端逐步进行，一人拿梳线耙，将四条导线扣于耙孔中，使耙板垂直于沟壁缓慢退行，沟上施工人员铲土填入，沟中排线施工人员将土踩实，按此方法填完第一层土，该层土厚应为 20cm 左右。填第一层沟底土时，不能将石块、砖块等尖硬物抛入沟中，以免伤线
第二步	填完第一层土后，若靠近水源，可抽水放入沟内，灌水量应适度，使填土湿润即可。然后用 2500V 兆欧表逐条测量埋入线的绝缘电阻，以检测导线绝缘性能是否良好
第三步	若经上述检测无断芯等故障，即可分层填平槽沟，在填土时，不能用木桩、铁耙等工具砸夯土层，以免碰断导线。回填土应高于槽沟两侧边缘地面。回填土完成后，应再一次逐条测量地埋线绝缘电阻值，以检查地埋线是否完好
第四步	在填完土的路径上按要求隔段设立桩标，在桩标上标明线路方向、电压等级、线路完工日期及桩号等

d. 地埋线引接线的安装。地埋线引线分变压器低压侧引下线安装和地埋线接线箱引上线安装两类，分述如下。

（a）变压器低压侧或低压配电箱引下线安装，见表 6-22 所列。

表 6-22 变压器低压侧引下线安装

示 意 图	说 明
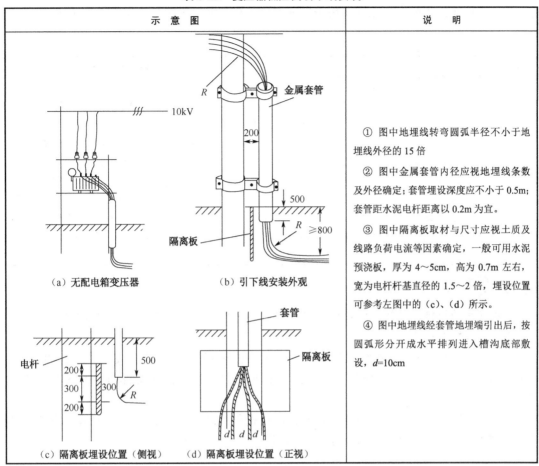 （a）无配电箱变压器　　（b）引下线安装外观 （c）隔离板埋设位置（侧视）　　（d）隔离板埋设位置（正视）	① 图中地埋线转弯圆弧半径不小于地埋线外径的 15 倍 ② 图中金属套管内径应视地埋线条数及外径确定；套管埋设深度应不小于 0.5m；套管距水泥电杆距离以 0.2m 为宜。 ③ 图中隔离板取材与尺寸应视土质及线路负荷电流等因素确定，一般可用水泥预浇板，厚为 4～5cm，高为 0.7m 左右，宽为电杆杆基直径的 1.5～2 倍，埋设位置可参考左图中的（c）、（d）所示。 ④ 图中地埋线经套管地埋端引出后，按圆弧形分开成水平排列进入槽沟底部敷设，d=10cm

（b）地埋线接线箱引上线安装，见表 6-23 所列。

表 6-23 地埋线接线箱引上线安装

示 意 图	说 明
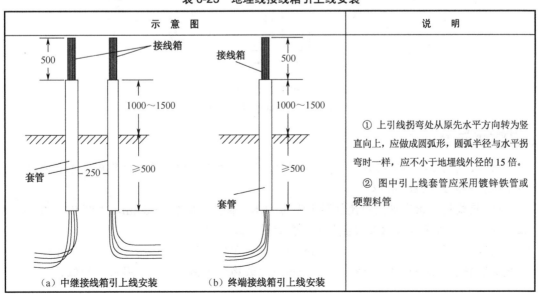 （a）中继接线箱引上线安装　　（b）终端接线箱引上线安装	① 上引线拐弯处从原先水平方向转为竖直向上，应做成圆弧形，圆弧半径与水平拐弯时一样，应不小于地埋线外径的 15 倍。 ② 图中引上线套管应采用镀锌铁管或硬塑料管

（3）接头的制作与接线箱。

① 地埋线接头制作。地埋线接头分两端接头和中继接头两种，见表 6-24 所列。

表 6-24　地埋线接头的制作

种　类	处　理	地埋线接头的制作方法
两端接头	削除地埋线起始端的护套层和绝缘层，将芯线直接连接在变压器低压侧接线柱上，或连接在低压配电箱的引出端即可。采用同样方法，削去地埋线终端的护套层和绝缘层，将芯线直接连接在接线箱中配电板上的低压电器的接线柱上即可	① 地埋线接头的线芯部分连接可采用绞接、缠接、插接和压接等，连接应紧密，以减小接触电阻。 ② 接头处的绝缘层与护套层的恢复可选用塑料胶带、自黏性橡胶带或聚氯乙烯绝缘带等，从中选择一种绝缘带包扎 5～7 层绝缘恢复，再缠包 5 层作为护套层恢复。 ③ 接头制作完成后，应用 2500V 兆欧表测量每一条接头相线对地绝缘电阻值，每一条接头相线之间的绝缘电阻值，绝缘电阻最低应不低于 1MΩ。若不合格，应重新处理
中继接头	地埋线在敷设时应整盘整卷地放线，不应随意剪断，地下应尽量不留接头。如确需做接头，应将导线引出地面，做完接头后，用接线箱密封保护	

温馨提示 ●●●●●

地埋线的绞接、缠接、插接和压接操作，参考项目二中的电工常规操作技能。

② 地埋线的接线箱。

a．接线箱的作用。地埋线的分支、终端及用电接线处应装设地面接线箱；地埋线接头一般应引出地面，用接线箱加以密封保护。此外，居民接户用的电能表也可做成联表盘置于接线箱内。

b．接线箱的类型。接线箱常见有箱式、立式和盒式 3 种，如图 6-34 所示。图中箱式和立式接线箱适用于户外，盒式接线箱适用于户内。

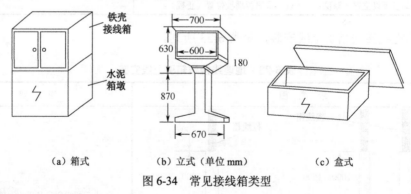

（a）箱式　　（b）立式（单位 mm）　　（c）盒式

图 6-34　常见接线箱类型

温馨提示 ●●●●●

① 接线箱应牢固地安装在箱墩上，稳固可靠，无渗漏水。箱底位置应高于当地最大洪水位，一般距地面 1m 以上。

② 接线箱箱墩为中空四棱柱形水泥砖砌体，长宽可取 0.6～0.8m，埋深 0.5～0.8m，位于地面以下的底部四侧应预留大小适宜的进出线孔洞。

③ 接线箱外壳应采用 1.5～2.0cm 厚的铁板制作，并进行防腐处理。防腐处理方法是先去除铁锈，涂刷绝缘防锈漆，再外刷绝缘装饰保护漆。也可采用成套的低压农用地

埋接线箱。接线箱的防触电保护类别为Ⅰ类，必须安装接地保护设施。同时，应在接线箱上留有明显的警示标记。

④ 接线箱内设。接线箱内装有低压配电板，板上一般安装刀开关、保险丝盒、插座、漏电保护器、电度表等低压电器。在安装接线时，应核对相序并做好相序标记，以防接线错误。

3. 线路的巡视与检修

1）架空线路的巡视与检修

（1）架空线路的巡视。低压架空线路的常见故障有短路、断线、导线弧垂和输电杆受损等。这些故障只要加强平时的定期巡视，均容易发现和解决。图6-35所示，是工人对架空线路的巡视。

（2）架空线路的检修。低压架空线路的检修见前面"照明（低压）线路施工"相关项目进行操作解决。

图6-35　架空线路的巡视

2）地埋线路的故障与处理

（1）故障现象与形式。

① 地埋线路故障现象。地埋线路常见故障分短路、断线和漏电3种，所出现的部位，见表6-25所列。

表6-25　低压地埋线路常见故障所出现的部位

故障出现部位	故障现象
送电端	① 一相保险丝烧断，或两相、三相保险丝同时烧断。 ② 无负荷时电度表转动或倒转。 ③ 低压保险器误动作，跳闸频繁，经合闸试送电后，仍然跳闸断电
受电端	① 一相无电流。 ② 一相无电压，或两相、三相同时无电压。 ③ 三相都有电流、电压，但严重不平衡，若带负荷则电灯不亮，电动机不转

② 地埋线路故障形式。低压地埋线路故障分两大类6种形式，见表6-26所列。

表6-26　低压地埋线路故障种类

故障种类	故障形式	故障出现概率	查障方法
第一类	单相断路接地	85%	第一类故障测点法
	低阻漏电接地（$R \leqslant 30\text{k}\Omega$）		

续表

故 障 种 类	故 障 形 式	故障出现概率	查 障 方 法
第一类	高阻漏电接地（$R>30k\Omega$）	15%	第一类故障测点法
	相间短路接地		
	相间短路		
第二类	断芯对地不漏电	15%	第二类故障测点法

（2）常见故障的处理。

① 地埋线路故障探测。地埋线路出现表 6-26 中故障现象后，应及时断开地埋线路的电源和负载，对线路故障进行探测，其方法有多种，如采用对地电阻法判断线路故障的方法，见表 6-27 所列。

表 6-27 对地电阻法判断线路故障的方法

判断类别	判断方法
判断相线对地绝缘性能	分别用兆欧表测量各相线对地绝缘电阻，若绝缘电阻值为 MΩ 级，相线完好。若绝缘电阻值为 30kΩ 及以下，说明该相线低阻漏电接地
判断相线之间是否短路	用兆欧表测量相线之间的绝缘电阻，正常情况时应为 MΩ 量级，若阻值降为 kΩ 及以下量级，说明被测二相线发生短路
判断相线或零线有否断线	将三相四线的 4 条导线末端全部并接，首端全部断开，用万用表分别测试 AO、BO、CO 三连线是否通路，有下列几种可能。 ① 若三连线阻值都偏零，通路良好，说明组成三连线的 3 条相线、1 条零线均良好无断点。 ② 若三连线中有一连线阻值偏零，通路良好，另二连线阻值均为 MΩ 量级断线，说明组成前一连线的相线与零线无断点，组成后二连线的相线均有断点。 ③ 若三连线中有二连线阻值均偏零，通路良好，另一连线阻值为 MΩ 量级断线，说明组成前二连线的相线与零线无断点，组成后一连线的相线有断点。 ④ 若三连线阻值均为 MΩ 量级断线，则需加测 AB、AC、BC 连线阻值，所得情况，见表 6-28 所列

温馨提示 ●●●●●

> 对线路故障做探测时，应准备 2500V 兆欧表、万用表和钳形电流表。

经上述方法对线路故障的初步判断后，除表 6-28 中序号 5 项特殊情况外，基本上都能确定是哪条相线或零线出现断线、漏电，或哪 2 条相线之间出现短路，从而为准确快速测出故障点提供了保证。

表 6-28 AO、BO、CO 断线条件下加测 AB、AC、BC 时导线的各种断连情况

序 号	各相连线断连情况	示 意 图
1	AB 连、AC 断、BC 断	————————— A ————————— B ———×———— C ————×—— O 注：A（无断点）、B（无断点）、C（有断点）、O（有断点）

续表

序　号	各相连线断连情况	示　意　图
2	AB 断、AC 连、BC 断	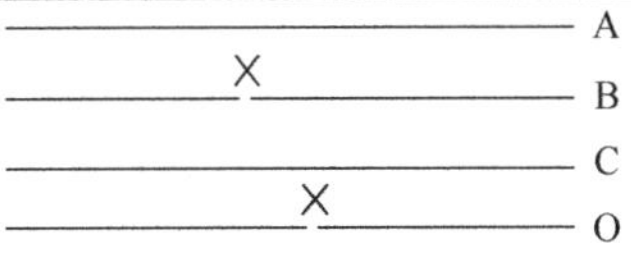 ————————————— A ————————×———————— B ————————————— C ————————————×—— O 注：A（无断点）、B（有断点）、C（无断点）、O（有断点）
3	AB 断、AC 断、BC 连	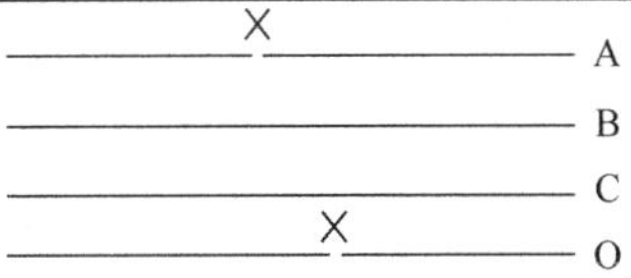 ———×————————— A ————————————— B ————————————— C ————————————×—— O 注：A（有断点）、B（无断点）、C（无断点）、O（有断点）
4	AB 连、AC 连、BC 连	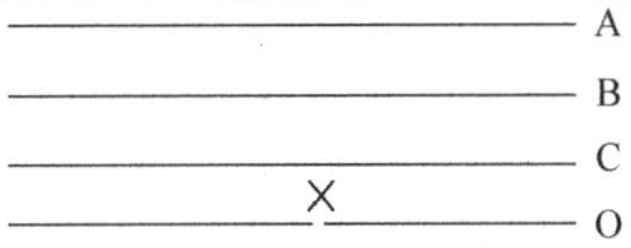 ————————————— A ————————————— B ————————————— C ————————————×—— O 注：A（无断点）、B（无断点）、C（无断点）、O（有断点）
5	AB 断、AC 断、BC 断	如 A、B、C、O 四线中只有 1 条无断点，其余 3 条都有断点，仅凭本方法无法确定哪条导线无断点

② 地埋线路故障处理。查出地埋线路故障点后，修复处理方法，见表 6-29 所列。

表 6-29　地埋线路修复或处理方法

步　骤	示　意　图	说　明
第一步 寻查 故障点		用仪器寻线路走向测查故障点，并在故障点处做标记，一般用杆桩标定点位
第二步 查阅 资料		进一步查阅施工图纸和资料，了解故障点处地埋线路的相数、导线排列和埋深情况，以及是否有其他地下工程设施及与其他电力、通信线路的交叉并设等情况
第三步 圈定施工 范围	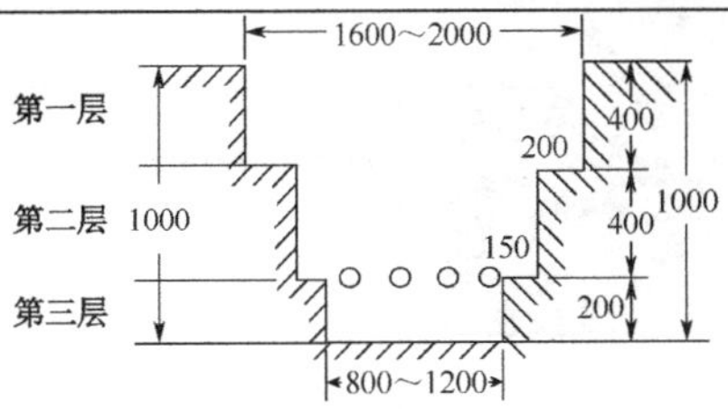 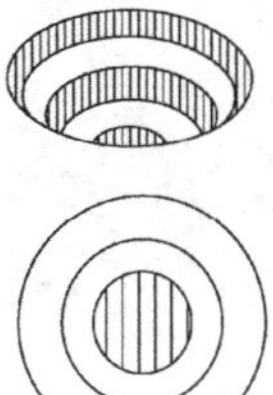 阶梯式圆形坑	以故障点为圆心，用白石灰粉画一个半径为 0.8～1.0m 的圆，圆半径以地埋线规格确定，导线较粗半径可大些，导线较细半径可小些。常见的一种阶梯式圆形坑，见左图所示

步　骤	示　意　图	说　明
第四步 分层 挖掘	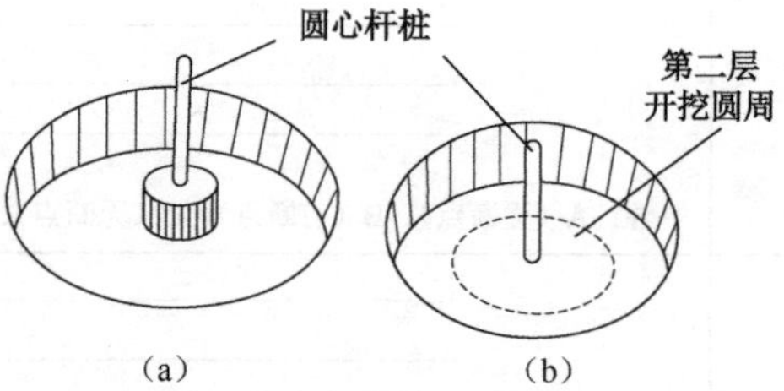 圆心杆桩　第二层开挖圆周 （a）　（b） 挖坑时应留有圆心杆桩	挖坑应分层进行。在挖第一层土时，应保留圆心处的杆桩小土墩，见左图所示。待该层土挖完后，可挖去圆心处的土墩，将杆桩重新插立于圆心处，再用白石灰粉画出第二层要开挖的圆。第二层土的挖掘与第一层土挖法相同，当挖到离施工图纸中标出的地埋线层0.2～0.3m时，应将铁锹换成木锹缓慢挖掘，用力不可过大，以免挖损导线
第五步 故障点的 修复	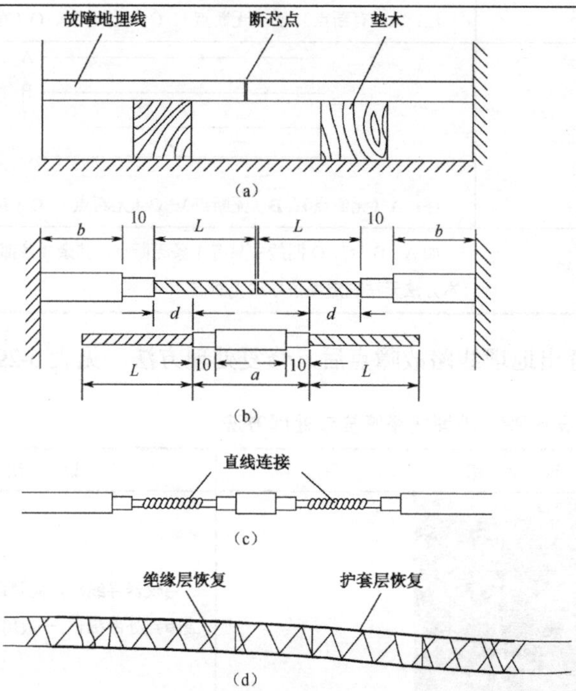 故障地埋线　断芯点　垫木 （a） （b） 直线连接 （c） 绝缘层恢复　护套层恢复 （d） 地埋线导线断点的修复	挖到第二层底部，遇到导线层时，应换用小木铲越过导线继续下挖第三层土，并注意清除积土，平整坑底。如有积水，应及时用小水泵抽吸，同时将导线表面擦净，用厚度适宜的木段垫起导线，以免使导线受力折损。然后查明故障点，如果故障仅为漏电，线芯完好，则可用地埋线接头绝缘层和护套层恢复的办法处理；如果故障为断芯，则应用导线续接的办法处理。 由于挖出的故障线断点左右两端都埋在土层中，没有多余的线芯可用于导线连接，如左图（a）所示，因此需增加一根与地埋线型号、规格相同的地埋线段，将其置于断点处作连接左右端之用，如左图（b）所示。接着按导线连接的方法进行连接，如左图（c）所示。按地埋线接头绝缘层与护套层恢复要求进行恢复，如左图（d）所示
第六步 用细泥土 回填	 用细泥土回填	消除隐患后，用松软的细泥土回填，当线层覆盖到0.2～0.3m后浇水湿土，用兆欧表测量被修复导线的绝缘性能。如果合格，则可合闸试送电运行，待情况正常后回填余土

4．线路施工的范例

施工人员在照明施工时，首先要对施工现场进行认真勘察，合理选定材料摆放区、制作区、工具存放区及废料堆放区，有条件的应设立材料仓库，便于管理。制定现场作业顺序，不阻碍其他工程的施工现场，根据可施工程度合理安排施工人员进场、材料进场及工具进场。其次组织人力搞好现场的文明环境，临时用电架接灯光准备，施工人员进场前作适当的安全培训，技术培训，使进场秩序良好。然后才能实施主体阶段。

某小区路灯照明，如图 6-36 所示。它的施工一般要经过前期准备、电杆定位画线、开凿沟槽与埋设导线、立杆、登杆安装、检查验收与沟槽的填土等环节。

图 6-36 小区路灯照明

路灯照明施工（以路灯地埋线路施工为例）具体操作，见表 6-30 所列。

表 6-30 路灯地埋线路施工的一般步骤

步　骤	示　意　图	说　明
阅读工程图		阅读工程图纸施工图，明确施工内容和要求。如路灯布置的方式、光源采用的类型、路灯控制的形式、输电的杆型与电源的取自选定等
定位划线		清理场地后，根据施工图纸要求，在现场进行定位划线。定位画线时，用粉袋弹线（画线），做到走向的合理，线条"横平竖直"，尽可能避免混凝土结构。每个固定点的中心处画一个"×"记号，以方便接线箱盒孔的开凿和导线的敷设
开凿放线沟槽		根据定位线的位置，采用机械或人工方式开凿预埋导线（电缆）用的沟槽。沟槽深度约 500mm 左右

续表

步　骤	示　意　图	说　明
埋设线管		按要求截取一定长度的导线（电缆）埋设在沟槽内、地埋线在槽沟中放排线结束后，应核对导线相序，并做好接头的标记等工作 三相四线地埋线在槽沟底部的排线"从左侧向右侧相序排线为 A、B、C、O"
立杆与埋设接线箱		立杆与埋设接线箱
登杆安装		登杆安装灯具总成（路灯的控制应根据施工图要求，选择相应的方式），以及挂接保护接地线
验收试运行		根据施工图对照实际线路检查安装质量（如线路有无错接漏接、是否符合技术要求等）。在确认完全正确后，进行通电试运行
填土、整平、清场工作		在通电测试合格后，进行填土、整平、清场工作。做到沟槽填土整平度与周边的地面保持一致

温馨提示 ●●●●●

路灯安装形式，如图 6-37 所示。

（a）灯具地面安装　　　　　（b）灯具贴墙安装　　　　　（c）灯具杆上安装

图 6-37　灯具几种安装的形式

拓展一：常用登高工具简介

电工在高空作业时，常用到的登高与安装工具有：梯子、登高板、脚扣、腰带、保险绳、腰绳，以及架杆、人字形抱杆和紧线器等，见表 6-31 所列。

表 6-31　登高与安装工具

名　称	示　意　图	说　明
梯子	 （a）梯子  （b）梯子登高示意图	梯子是电工在高处作业的常备工具，分靠梯和人字梯两种。 使用时应注意： ① 使用时首先检查梯子的牢固程度，无论何种材质的梯子的触地部分都应有可靠的防滑装置。 ② 使用靠梯时，梯子与地面的夹角应在 60°左右；使用人字梯时，梯脚不得大于梯长的 1/2，两脚应加拉链或拉绳。 ③ 在光滑坚硬的地面上使用梯子进行登高作业时，应加脚套或脚垫。 ④ 不得将梯子架在不稳定的支持物上进行登高作业。 ⑤ 严禁站在梯子的最高处或最上一、二级横档上工作。 ⑥ 梯子在过道又位于房间门前工作时，应设专人监护，防止门突然打开碰倒梯子，摔伤梯子上作业的人员
登高板	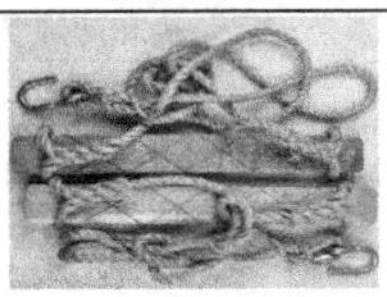 （a）踏板  挂钩必须正勾 （b）示意图	登高板就是踏板又叫蹬板，用来登电杆。踏板由板、绳索和挂钩等组成。板是质地坚韧的木质材料，绳索是 16mm 三股白棕绳，挂钩是钢制的，如左图所示。 使用时应注意： ① 踏板使用前，一定要检查踏板应无开裂和腐朽，绳索应无断股。 ② 挂勾踏板时必须正勾，切勿反勾，以免造成脱钩事故。 ③ 登杆前，应先将踏板勾挂好，用人体作冲击载荷试验，检查踏板是否合格可靠，同时对腰带也用人体进行冲击载荷试验。 ④ 踏板每半年应进行一次载荷试验

名　称	示　意　图	说　明
脚扣	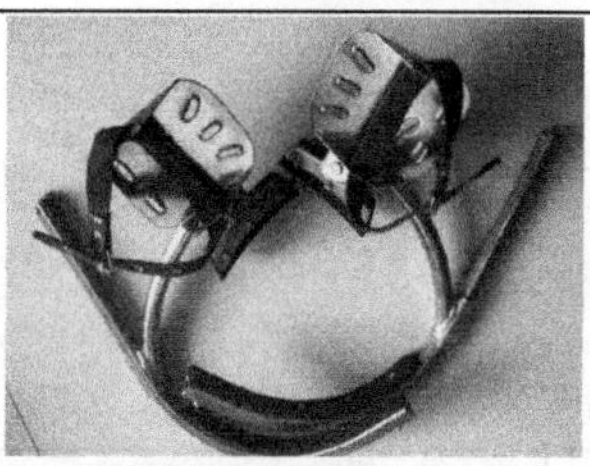 （a）脚扣  （b）示意图	脚扣又叫铁脚，也是攀登电杆的工具。脚扣分为木杆脚扣和水泥杆脚扣两种，如左图所示。 使用时应注意： ① 使用前必须仔细检查脚扣各部分应无断裂、腐朽现象，脚扣皮带应牢固可靠，脚扣皮带若损坏，不得用绳子或电线代替。 ② 一定要按电杆的规格选择大小合适的脚扣，水泥杆脚扣可用于木杆，但木杆脚扣不能用于水泥杆。 ③ 雨天或冰雪天不宜用脚扣登水泥杆。 ④ 登杆前，应对脚扣进行人体载荷冲击试验。 ⑤ 上、下杆的每一步，必须使脚完全套入脚扣并使脚扣可靠地扣住电杆，才能移动身体，否则会造成事故
腰带、保险绳和腰绳	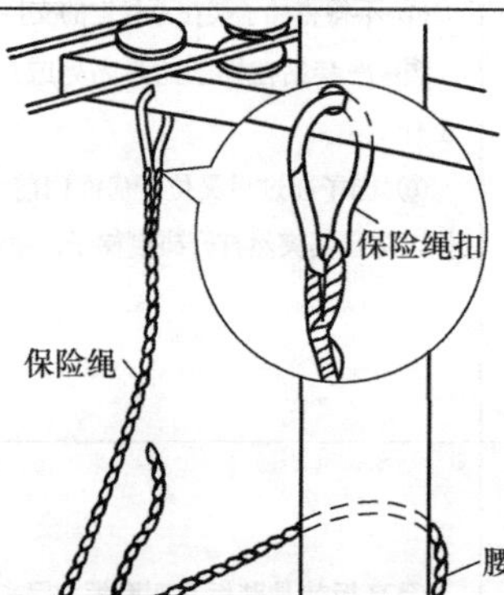 保险绳扣 保险绳 腰绳 腰带 （a）腰带、保险绳和腰绳 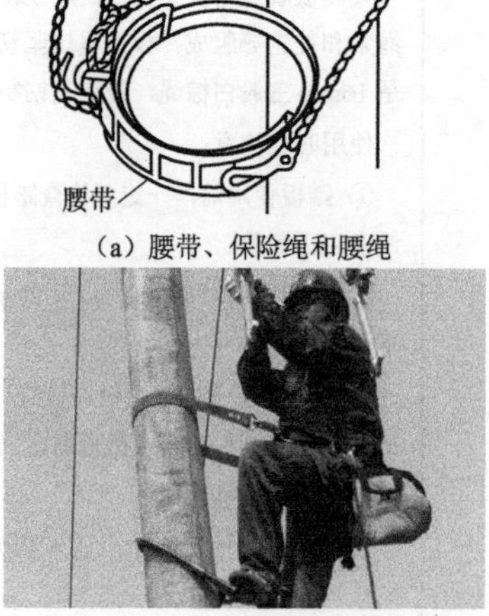 （b）腰带、保险绳和腰绳系带示意图	腰带、保险绳和腰绳是电杆登高操作的必备用品。腰带、保险绳和腰绳如左图所示。 腰带用来系挂保险绳和吊物绳，在使用时应系在臀部上部，不应系在腰间。 保险绳用来防止工作人员万一失足下落时不致坠地摔伤，其一端要可靠地结在腰带上，另一端用保险钩勾在电杆的横担或抱箍上。在使用前应检查完好情况。 腰绳用来固定人体下部，使用时应系在电杆的横担或抱箍下方，防止腰绳窜出电杆顶部，造成工伤事故

续表

名　称	示　意　图	说　明
架杆	φ80 300～500 4000～6000 600 φ20	架杆用于线路单杆和临时支撑。由两根相同细长圆木杆组成，距顶端处用长的铁链环连接。架杆使用时应检查细长圆木杆与铁链环连接情况，以及架杆放置的稳定程度
人字形抱杆		人字形抱杆用于线路单杆立杆。由两根或三根相同细长圆杆组合而成。具有起重量大、稳定性好、简单方便的优点。人字形抱杆使用时应检查三根细长圆杆的完好和组合的情况
紧线器		紧线器用于收紧架空线路导线。使用时先安装好导线，然后转动滑轮，使导线收入滑轮中而被拉紧到适当的弧垂度

温馨提示 ●●●●

　　电工在登高作业前，一定要认真检查登高工具、腰带、保险绳的可靠性；在登高作业时，要注意人身安全。患有精神病、高血压、心脏病和癫痫等疾病者，不能参与登高作业。

拓展二：地埋线故障检测仪

　　低压地埋线路故障检测仪器（如图 6-38 所示），可检测地埋线路的断路、短路、单相接地或漏电点，也可检测地埋线的准确位置。它主要由信号发送器和信号接收器两部分组成。信号发送器有 2 个接线端，一个接线端与故障导线的一端连接，用于发射音频信号或直流脉冲信号；另一个接线端接地，用于回收上述信号电流。信号接收器，可分别连接感应探头或双金属接地插棒。

图 6-38　地埋线路故障检测仪器

地埋线路故障检测仪的工作原理如图6-39所示。

信号发送器向出故障的地埋线输出1kHz的音频电流信号i，该电流经图示各段后构成闭合回路。根据电磁学原理，当导线通过交变电流时，周围相应地存在交变的电磁场。根据此，交变的音频信号电流i经过图示的地埋线导通段时，周围会产生同频的交变电磁场，并透过填埋导线的土层传向地表。此时，将用线圈组成的感应探头沿线路路径的地表移动时，探头的线圈中将收到由电磁感应产生的音频信号电流，该信号电流经放大处理后输入扬声器或耳机中就可被听到，根据音响变化情况即可探出故障点。

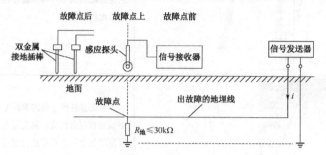

图6-39　地埋线路故障检测仪工作原理图

如果信号发送器输出的是直流脉冲电压信号，则相应地会在线路路径地表上形成电场，此时将双金属插棒分触于路径方向地表处任意两点，就会在双金属插棒中形成电压信号，此信号经放大处理后，输入到仪表中，使仪表指针发生摆偏，据此可判断故障点。

拓展三：公共照明灯具简介

公共照明常用的灯具有道路灯、园林灯、聚光射灯（户外灯）等，见表6-32所列。

表6-32　室外常用灯具

种　类	示　意　图	说　明
道路灯		道路灯具多用在街道、广场的两侧，成为行路和交通运输必不可少的灯具
园林灯		园林灯具多用在庭园、公园或建筑物的周围，既可以用来照明，又可以用来装饰美化环境
户外灯		户外灯具多用于大厦、住宅外观或需要聚光照射的场合。其外形有星形、圆形和方形等。聚光射灯壳内装有金属卤化物灯、水银反光壁和反光罩

在选用公共照明灯具时，为发挥室外灯具最大的效能，应该了解它们使用的场所及其工作的基本要求。见表6-33所列，供读者在使用时参考。

表6-33　常用室外灯具的基本要求

名　称	示　意　图	说　明
道路灯		多用于街道、公路、广场或桥梁的两侧，成为行路和交通运输必不可少的照明器具。 路灯造型千姿百态，要根据场所的要求选用，同时还要考虑防水、防锈蚀、防爆裂等性能和维修便捷程度等问题
园林灯		园林灯（又称庭园灯）一般用在庭园、公园或大型建筑的周围，既可用来照明，又可用来装饰美化环境。 在选用时，要考虑防水、防锈蚀、防爆等性能和维修便捷程度等问题
户外灯		一般用于建筑物入口城上，或院墙上、院门柱座上，提供夜间照明。 在选用时，应根据场所和要求不同，选用不同造型和光源的户外灯饰。重要的场所，户外壁灯可以华丽一些；次要的地方可以简朴一些

拓展四：接地接零保护装置

对电气设备进行"接地"保护是保证人身和设备安全的一项重要举措，因此，要重视电气设备的接地。所谓电气设备上的"地"是指电位等于零的地方，即图6-40所示的距接地体（点）20m以外地方的电位（该处的电位已近降至为零）。

（1）接地装置的种类。在实际应用中"接地接零"的装置，按其工作原理可分为表6-34所列的几类。

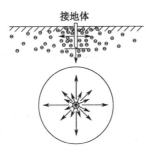

图6-40　接地电流的电位分布曲线图

表 6-34　几种常见的接地接零装置

接地种类	示意图	说明
工作接地	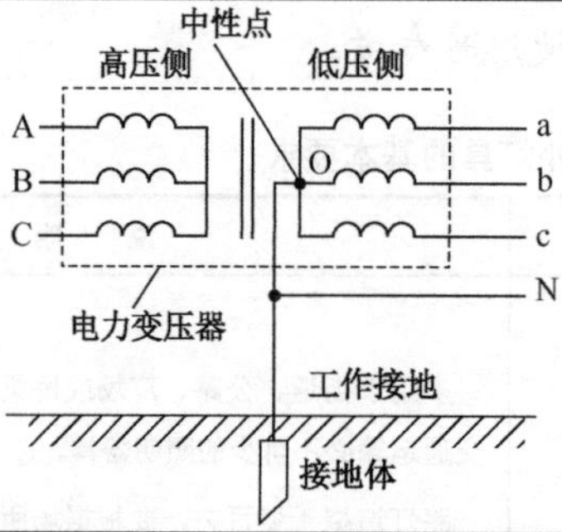	电力系统中，由于运行和安全的需要，为保证电力网在正常情况或事故情况下能可靠地工作而将电报回路中性点与大地相连，称为工作接地。如电力变压器和互感器的中性点接地，都属于工作接地
保护接地	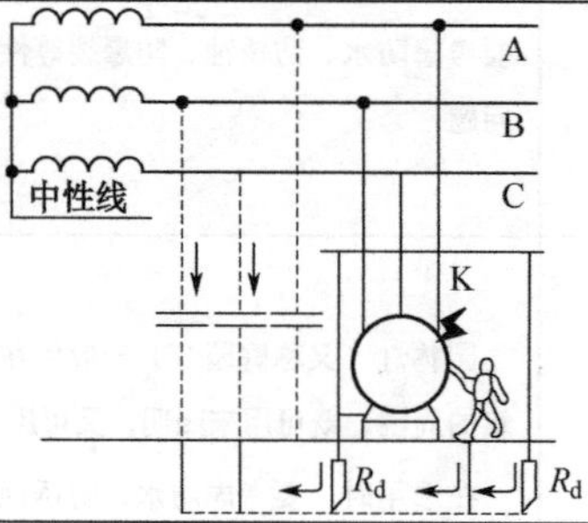	将电气设备正常情况下不带电的金属外壳及金属支架等与接地装置连接，称为保护接地。保护接地主要应用在中性点不接地的电力系统中
保护接零	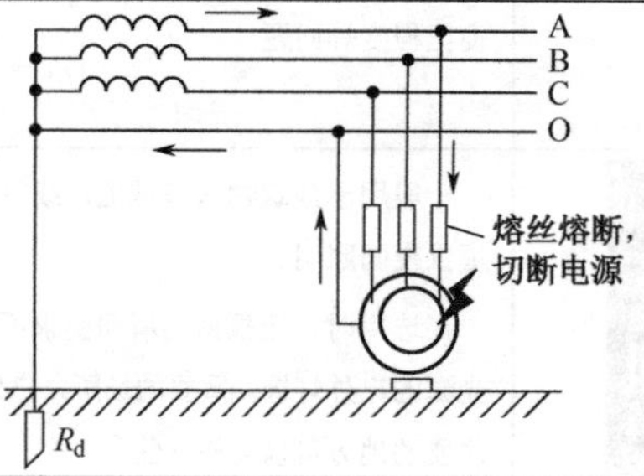	将电气设备在正常情况下不带电的金属外壳及金属支架等与零线相连接，称为保护接零。 在三相四线制中性点直接接地的电网中，广泛采用保护接零。 保护接零必须有灵敏可靠的保护装置配合
重复接地	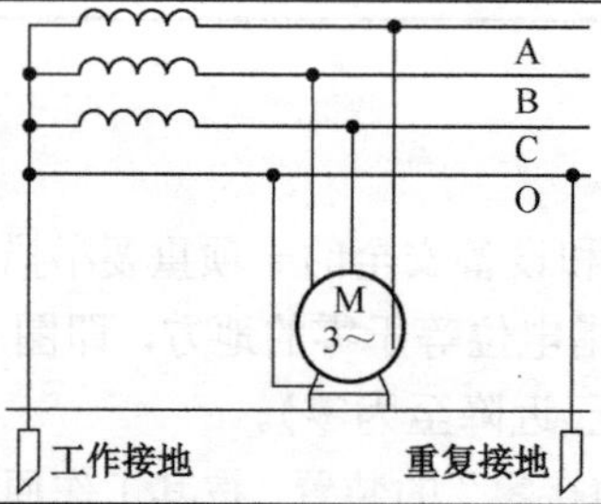	在三相四线制保护接零电网中，除了变压器中性点的工作接地之外，在零线上一点或多点与接地装置的连接称为重复接地。这样可以降低漏电设备外壳的对地电压，减轻触电时的危险

温馨提示 ●●●●●

在日常用电中，特别要注意：防止绝缘部分破损；保持绝缘部分干燥；避免导线跟其他金属物接触；要重视电气设备的"接地"；要定期对电气设备进行检查，及时排除可能出现的各种隐患。

（2）接地装置的检查。

① 接地线的每个支点，应定期检查，若有松动或者脱落要重新固定好。

② 要定期检查接地体和接地线连接干线有无严重锈蚀，应及时修复或更换，不可勉强使用。

③ 接地装置的连接点，尤其是螺钉压接的连接点每隔半年至一年检查一次，发现松动及时处理。常用电焊连接的连接点也应定期检查焊接点是否完好。

（3）接地故障的处理。

接地装置常见故障原因与处理办法，见表6-35所列。

表6-35　接地装置常见故障速查表

故 障 现 象	故 障 原 因	处 理 办 法
接地线连接点松动或脱落	容易出现松脱情况的有：移动电具的接地支线与金属外壳（或插头）间的连接处，具有震动的设备接地线的连接处	发现松动或脱落应及时拧紧或重新接妥
忘记接地或接错位置	在设备维修或更新后重新安装时，因疏忽而把接地线线头漏接或接错位置	发现有接错位置或漏接应及时纠正
接地线局部电阻增大	由于连接点或跨接过渡线存在轻微松散，连接点的接触面存在氧化层或存在污垢，引起电阻值增大	应重新拧紧螺丝或清除氧化层及污垢并接妥
接地体的接地电阻增大	通常是由于接地体的严重锈蚀或接地体与接地干线之间接触不良所引起的	应重新更换接地体或重新把连接处接妥

践行卡

公共照明系统的检修

根据教学需要或者教师（师傅）要求，在实训场所进行公共照明系统的模拟检修，并完成表6-36栏目的填写。

表6-36　公共照明系统的模拟检修评议表

班　级		姓　名		学　号	
检修内容					
工具器材					
检修步骤					
评　价	评 定 人	评议记录		等　级	签　名
	自己评价				
	同学评议				
	老师评定				

项目摘要

（1）公共照明设计是一个用光联系生活环境的艺术。它在"一般照明、重点照明、建筑照明和效果照明"四元素合理的搭配与平衡中，能产生有利于人们身心健康的良好氛围。

（2）所谓一般照明是指采用某种形式的灯具使整个建筑空间充满均匀的光，通常是作为人们安全和导向的一种基础性照明。

（3）所谓重点照明是指利用某束灯光照射使被照射的物体与其背景相比显得更为突出。

（4）所谓建筑照明是指采取特定灯光效果对建筑面创造一个理想的光环境和空间感。

（5）所谓效果照明是指利用一定灯光的照射，使某一部位有个特殊的照明效果以吸引人们的注意。

（6）低压输电杆型分：直线杆、直线耐张杆、小角度转角杆、大角度转角杆、分支杆、终端杆（起端杆）和跨越杆等几种类型。

（7）照明线路的施工一般分"低压架空线路"和"低压地埋线路"两种形式。低压架空线指的是单芯绝缘导线通过电杆架设，向用户供电的电力线路；低压地埋线路指的是用塑料作绝缘层和护套层的单芯绝缘导线，直接埋在地下，向用户供电的电力线路。

（8）低压电杆主要由电杆（杆体）和杆头两大部分组成。就低压杆头而言，其基本结构主要有横担、绝缘子及杆头金具等。

（9）低压电杆坑的坑形有方形坑和圆形坑两种，坑深应根据杆型的长度、半径及土质等要求确定。杆坑的作用是增强电杆抗御竖直向下压力与水平横向拉力的能力，即减少电杆对底土的压强，提高电杆的稳定性。

（10）三相四线电路在放线挂线时，应一条一条地分次进行。其四条导线放挂的顺序是"先放挂电杆内侧的2条导线，再放挂电杆外侧的2条导线"，注意不要纠缠错位。

（11）线路弧垂的测量：一般要用两支同规格的弧度测量尺进行。

（12）低压架空线路的常见故障有短路、断线、导线弧垂和输电杆受损等。这些故障只要加强平时的定期巡视，均容易发现和解决。

（13）低压地埋线路常见故障分短路、断线和漏电3种。当地埋线路出现故障后，应及时对线路故障进行检修。

（14）电工在登高作业前，一定要认真检查登高工具、腰带、保险绳的可靠性；在登高作业时，要注意人身安全。患有精神病、高血压、心脏病和癫痫等疾病者，不能参与登高作业。

（15）所谓电气设备上的"地"是指电位等于零的地方，即距接地体（点）20m以外地方的电位。

（16）低压地埋线路故障检测仪是检测地埋线路的断路、短路、单相接地或漏电点的检测仪器。

自我检测

1．填空题

（1）照明系统大致可分为：＿＿＿、＿＿＿、＿＿＿和＿＿＿四个独立的元素。

（2）低压输电杆型可分为：＿＿、＿＿、＿＿、＿＿、＿＿、＿＿、＿＿等几种类型。

（3）所谓低压架空线是指：＿＿＿＿＿＿＿＿＿＿＿＿＿＿＿＿＿＿＿＿＿＿＿＿＿。

（4）所谓低压地埋线路是指：＿＿＿＿＿＿＿＿＿＿＿＿＿＿＿＿＿＿＿＿＿＿＿。

（5）低压架空线的施工一般分为：＿＿＿、＿＿＿、＿＿＿、＿＿＿、＿＿＿、＿＿＿、

及_____等。

（6）杆坑的作用是：_____。

2．判断题

（1）杆坑的作用是增强电杆抗御竖直向下压力与水平横向拉力的能力，即减少电杆对底土的压强，提高电杆的稳定性。　　　　　　　　　　　　　　　　　　（　　）

（2）水泥电杆的起立常用的有汽车起重机立杆、绞车立杆和倒落式立杆等 3 种。

（　　）

（3）立杆过程中，要适时检查各设备的工作状态，并保证拉升速度。　（　　）

（4）放挂线时，线盘处应留专人看管，认真查看导线质量及线盘运转状况，若发现问题，及时打信号制动停放，并按规程作相应的处理。　　　　　　　　　　　（　　）

（5）放线时，严禁将导线放在地面上拖拉，以免磨损护套层和绝缘层，同时应防止导线扭折打卷和其他机械性损伤。　　　　　　　　　　　　　　　　　　　　（　　）

（6）接线箱应牢固地安装在箱墩上，无渗漏水。箱底位置应距地面 1m 以上。

（　　）

（7）腰绳用来固定人体下部，使用时应系在电杆的横担或抱箍下方，防止腰绳窜出电杆顶部，造成工伤事故。　　　　　　　　　　　　　　　　　　　　　　（　　）

（8）电工在登高作业前，一定要认真检查登高工具、腰带、保险绳的可靠性。

（　　）

3．问答题

（1）立杆应该注意哪些事项？

（2）放线挂线作业应注意哪些问题？

（3）为什么要定期对架空线路进行巡视？

（4）使用登高工具（登高板）应注意哪些问题？

项目七
施工现场安全与防范

"安全第一、预防为主"。为了防止施工现场的生产安全事故发生，完善应急工作机制，在工程项目发生事故状态下，迅速有序地开展事故的应急救援工作，救护伤员，减少事故损失。

通过学习（操练），熟悉安全标志及保护用品对现场施工的作用，掌握对施工现场所出现的事故进行正确的处理技能，了解发生电气火灾的成因，会使用灭火器具。

任务一 安全标志及保护用品

1. 安全标志构成

安全标志是用以表达安全信息的标志，根据国家有关标准，安全标志由图形符号、安全颜色、几何形状（边框）或文字构成。如 7-1 所示，安全警示牌是用来警告人员不得接近设备的带电部分或禁止操作设备，还用来指示工作人员何处可以工作及提醒工作时必须注意的相关安全事项，从而可以极大地减少一些人员的伤亡和意外的发生。安全警示牌在很多地方都有应用。

图 7-1　警示牌

2. 安全标志的类别

安全标志的类别有许多，按其用途又可分为警示标志、禁止标志、警告标志、指令标志等，如图 7-2、图 7-3 和图 7-4 所示。

禁止吸烟　　　　禁止靠近　　　　禁止启动　　　　禁止跨越

禁止烟火　　　　禁止停留　　　　禁止合闸　　　　禁止戴手套

禁止放易燃物　　禁止入内　　　　禁止攀登　　　　禁止穿化纤服装

图 7-2　禁止标志

当心火灾　　注意安全　　当心扎脚　　当心激光　　当心爆炸

当心瓦斯　　当心吊物　　当心微波　　当心触电　　当心弧光

当心坠落　　当心机械伤人　当心电缆　　当心裂变物质　当心绊倒

图 7-3　警告标志

必须戴防护眼镜　　必须系安全带　　必须穿防护鞋　　必须戴安全帽

必须戴防护手套　　必须穿防护服　　必须加锁　　　　必须戴防护帽

图 7-4　指令标志

3. 施工现场的防范

为了贯彻"安全第一、预防为主"的基本方针，不仅要从思想上高度重视，还要在设施、制度、技术上落实措施，才能真正杜绝施工现场事故的发生。

（1）电工安全保护用品。电工常用的安全保护用品有安全帽、工作服、绝缘鞋等，见表 7-1 所列。

表 7-1　电工安全保护用品

名　称	示　意　图	说　明
安全帽		安全帽是一种起防护作用的安全用品，它采用藤或高强度工程塑料制成，具有良好的冲击性能。 安全帽的防护作用：当作业人员受到高处坠落物、硬质物体的冲击或挤压时，减少冲击力，消除或减轻其对人体头部的伤害
工作服		工作服是电工的劳动保护用品。 在工作时，需要穿戴纯棉、下摆和袖口可以扎紧的工作服，这样能起到安全保护作用，如防止电火花伤到皮肤等
绝缘鞋	（a）绝缘鞋　　（b）绝缘靴	绝缘鞋（靴）是电气设备上的安全辅助用具。 使用时，应根据作业场所电压高低正确选用，低压绝缘鞋（靴）禁止在高压电气设备上作为安全辅助用具使用，高压绝缘鞋（靴）可以作为高压和低压电气设备上辅助安全用具使用。但不论是穿低压或高压绝缘鞋（靴），均不得直接用手接触电气设备
电工基本安全用具		电工安全用具是指在电气作业中，为了保证作业人员的安全，防止触电、坠落、灼伤等工伤事故所必须使用的各种电工专用工具或用具。通常把凡是可以直接接触带电部分，能够长时间可靠地承受设备工作电压的绝缘安全用具，都称为基本安全用具。 基本安全用具主要用来操作隔离开关、更换高压熔断器和装拆携带型接地线等。 使用时，其电压等级必须与所接触的电气设备的电压等级相符合，同时注意手与身体其他部位都不得直接接触用具的金属带电体部分

（2）屏护装置和安全间距。设置屏护和安全间距可以防止人体与带电部分的直接接触，从而避免电气事故的发生。它是电工最为常用的电气安全防范措施之一。

① 屏护。屏护就是采用遮拦、栅栏、护罩、护盖等防护装置，将带电部位和场地隔离开来的安全防护。屏护分永久性屏护装置（如配电装置的遮拦、开关的罩壳）和临时性屏护装置（如检修工作中使用的临时设备的屏护装置）两大类。屏护装置应有足够的尺寸，应与带电体有足够的安全距离，安装要牢固。用金属材料制成的屏护装置应可靠接地（或接零）。电工常用的屏护装置，见表 7-2 所列。

表 7-2　电工常用的屏护装置

种　类		图　示	说　明
永久性装置	栅栏遮栏		用于电气工作地点四周的、用支架做成的固定围栏,以防止工作人员误入带电区域
	护罩		用于电气设备外围的保护装置
	护盖		用于电气设备的可动部分的装置
临时性装置			用于室内外电气工作地点四周的、用支架或绝缘绳索做成的临时性围栏,以防止工作人员误入临时带电区域
橡胶垫			橡胶垫是电气设备上的安全辅助用品 使用时,应根据作业场所电压高低正确选用,低压橡胶垫禁止在高压电气设备上作为安全辅助用品使用

② 间距。间距是指带电体与地面之间、带电体与其他设备和设置之间、带电体与带电体之间所必须保持的最小安全距离或最小空气间隙。其距离的大小取决于电压高低、设备类型、安装方式和周围环境等。直接埋没电缆时,其深度不得小于 0.7m,并应位于冻土层之下。当电缆与热力管道接近时,电缆周围土壤温升不应超过 10℃,超过时,需进行隔热处理。

表 7-3、表 7-4 和表 7-5 所列,分别是人在带电线路杆上工作时与带电导线的最小安

全距离；电缆之间，电缆与管道、道路、建筑物之间平行和交叉时的最小安全距离；室内低压配电线路与工业管道和设备之间的最小安全距离。

表 7-3　人在带电线路杆上工作时与带电导线的最小安全距离

电压等级/kV	安全距离/m	电压等级/kV	最小安全距离/m
10 及以下	0.70	220	3.00
20~35	1.00	330	4.00
80~110	1.50	500	5.00

表 7-4　电缆之间，电缆与管道、道路、建筑物之间平行和交叉时的最小安全距离

项　　目		最小安全距离/m	
		平　行	交　叉
电力电缆间及其控制的电缆间	10kV 及以下	0.10	0.50
	10kV 及以上	0.25	0.50
控制电缆间		—	0.50
不同使用部门的电缆间		0.50	0.50
热管道（管沟）及热力设备		2.00	0.50
公　路		1.50	1.00
铁路路轨		3.00	1.00
电气化铁路路轨	交流	3.00	3.00
	直流	10.0	1.00
杆基础（边缘）		1.00	—
建筑物基础（边缘）		0.60	—
排水沟		1.00	0.50

表 7-5　室内低压配电线路与工业管道和设备之间的最小安全距离/mm

管线形式		导线穿金属管	电缆	明敷绝缘导线	裸母线	配电设备	天车滑触线
煤气管道	平行	100	500	1000	1000	1000	1500
	交叉	100	300	300	500	500	—
乙炔管道	平行	100	1000	1000	2000	3000	3000
	交叉	100	500	500	500	500	—
氧气管道	平行	100	500	500	1000	1500	1500
	交叉	100	500	300	500	500	—
蒸汽管道	交叉	300	300	300	500	500	—
通风管道	平行	—	200	100	1000	1000	100
通风管道	交叉	—	100	100	500	500	—
上下水道	平行	—	200	100	1000	1000	100
	交叉	—	100	100	500	500	—
设备	平行	—	—	—	1500	1500	—
	交叉	—	—	—	1500	1500	—

注：室内低压配电线路是指 1kV 以下的动力和照明配电线路。

任务二 施工现场事故与救护

作为一名将从事电气照明施工与维修工作的学生,你知道在电气施工与使用中,有哪些安全隐患吗?你了解哪些相应的防范和处理吗?遇到危害,你能理智地保护自己和他人吗?

1. 触电事故与救护

1) 发生触电事故的原因

电是一种看不见摸不到的物质,只能用仪表测量。如果使用不合理、安装不恰当、维修不及时或违反操作规程,都会带来不良的后果,甚至会导致人身伤害(如图7-5所示)。因此,必须了解安全用电的知识,安全合理地使用电能,避免人身伤害和设备损坏。造成触电事故的原因有如下几种情况。

图7-5 触电伤及人身

(1)电工不按规定穿戴劳动保护用品。

(2)建筑物或脚手架与户外高压线距离太近,不设置防护网。

(3)电气设备、电气材料不符合规范要求,绝缘受到磨损破坏。

(4)施工现场电线架设不当、拖地、与金属物接触、高度不够。

(5)电箱不装门、锁,电箱门出线混乱,随意加保险丝,并一闸控制多机。

(6)电动机械设备不按规定接地接零。

(7)手持电动工具无漏电保护装置。

(8)不按规定高度搭建设备和安装防雷装置。

2) 产生触电事故的形式

触电的形式一般有3种:"单线触电"、"双线触电"和"跨步电压触电",如表7-6所列。

表7-6 三种触电的形式

触电方式	示 意 图	说 明
单线触电	A B C 电线 发电机或电力变压器	单线触电(或称单相触电)是指人体的某一部位碰到相线或绝缘性能不好的电气设备外壳时,电流由相线(又称"火线")经人体流入大地的触电现象
双线触电		双线触电(或称双相触电)是指人体的不同部位分别接触到同一电源的两根不同相位的相线,电流由一根相线经人体流到另一根相线的触电现象

续表

触电方式	示意图	说 明
跨步电压触电		跨步电压触电是指电气设备相线外壳短路接地，或带电导线直接接地时，人体虽没有直接接触带电设备外壳或带电导线，但是跨步行走在电位分布曲线的范围内而造成的触电现象

温馨提示 ● ● ● ● ●

　　触电事故的发生往往很突然，而且在极短的时间内造成严重的后果。但触电事故也有一些规律，根据这些规律，可以减少和防止触电事故的发生。

　　3）预防触电事故的措施

　　电气专业人员必须持证上岗，按规定穿戴安全保护用品、使用专用绝缘工具。非电气专业人员不准进行任何电气部件的更换或维修。

　　要防止触电事故的发生，首先要严格遵守安全用电的规律，在电气事故时采取妥善的措施。

　　（1）加强劳动保护用品的使用管理和用电知识的宣传教育。电气工作人员严格按照电气操作规定进行操作或修理电气器具，修理前必须断开电源。做到经常检修电气器具更换，凡不符合要求的电气器具应及时停用或更换。若必须带电操作的电气器具，应采取必要的安全措施且有专人监视等相应的保护措施。

　　（2）凡是电气说明书上要求接地（或接零）的器具，应该做到可靠的"保护接地"或"可靠接零"，并定期检查它们的完好情况。做到不使用破旧电线，对电线头认真包扎，不让线头金属芯露出来。

　　（3）发现电线断落在地面上应及时处理，做到在电线断落点 10m 以内，不让闲散人员进入，并立即报告附近的电业部门或专业人员处理。图 7-6 所示是电线断落地。

图 7-6　电线断落地

　　（4）室外的电灯或用电的插座应固定在距地面 1.8m 以上，装于低处时应装设安全插座，而且不能随便移动。

　　（5）建筑物或脚手架与户外高压线距离太近的，应按规范增设保护网。在潮湿、粉尘或有爆炸危险气体的施工现场要分别使用密闭式和防爆型电气设备。做到电箱门装锁，保持内部线路整齐，按规定配置保险丝，严格一机一箱一闸一漏的配置。

（6）经常开展电气安全检查工作，对电线老化或绝缘性能降低的机电设备进行更换和维修。

（7）根据不同的施工环境正确选择和使用安全电压。

（8）电动机械设备按规定接地接零等。

4）触电现场的急救方法。

图 7-7 送往医院救治

救援人员首先根据伤者受伤部位立即组织抢救，促使伤者快速脱离危险环境，送往医院救治（图 7-7 所示），并保护现场。察看事故现场周围有无其他危险源存在。在现场进行触电急救的方法一般有"口对口人工呼吸抢救"与"人工胸外挤压抢救"两种，其方法如下。

（1）触电现场诊断的方法。当发现有人触电时，现场紧急救护的基本原则是：迅速使触电者脱离电源，除及时拨打"120"、联系医疗部门外，还应根据触电者的具体情况，进行必要的现场诊断和现场救护，直至救护人员到达。急救的成功条件是动作快、操作正确。任何拖延和操作错误都会导致伤员伤情加重或死亡。对触电者进行现场诊断的方法，如图 7-8 所示。

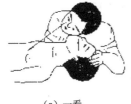  

（a）一看 （b）二听 （c）三摸

图 7-8 触电现场诊断方法

（2）口对口人工呼吸抢救的方法。当触电者呼吸停止，还有心脏跳动时，应采用口对口人工呼吸抢救方法，如图 7-9 所示。

（a）清除口腔杂物 （b）舌根抬起气道通 （c）深呼吸后紧贴嘴吹气 （d）放松嘴鼻换气

图 7-9 口对口人工呼吸抢救法

（3）人工胸外挤压抢救的方法。当触电者虽有呼吸但心脏停止，应采用人工胸外挤压抢救法，如图 7-10 所示。

（a）找准位置 （b）挤压姿势 （c）向下挤压 （d）突然松手

图 7-10 人工胸外挤压抢救法

当触电者伤势严重，呼吸和心跳都停止，或瞳孔开始放大，应同时采用"口对口人工呼吸"和"人工胸外挤压"抢救法。如图 7-11 所示。

（a）单人操作　　　　　　　　（b）双人操作

图 7-11　呼吸和心跳都停止时的抢救方法

（4）现场抢救注意事项。在触电现场进行抢救时，应注意以下事项。

① 将触电人员身上妨碍呼吸的衣服全部解开，越快越好。

② 迅速将口中的假牙或杂物取出。

③ 如果触电者的牙紧闭，须使其口张开，将下颚抬起，用四指托在触电者下颚处，用力慢慢往前移动，使下牙移到上牙前。

④ 在现场抢救中，不能打强心针，也不能泼冷水，如图 7-12 所示。

（a）不能打强心针　　　　　　（b）不能泼冷水

图 7-12　不能打强心针，不能泼冷水

温馨提示 ●●●●

使触电者脱离电源的方法，概括起来是"拉、切、挑、拽"4 个字，见表 7-7 所列。

表 7-7　使触电者脱离电源的几种方法

方法	示　意　图	说　明
拉	快拉电闸！	就近拉开电源开关或拔出插头。此时应注意拉线开关和单极开关，只断开一根导线，有时由于安装不符合规程要求，把开关安装在零线上。这时虽然断开了开关，人身触及的导线可能仍然带电，这时就不能认为已切断电源
切	用带有绝缘的利器切断电源线	用带有绝缘柄的利器切断电源线。当电源开关、插座或瓷插保险距离触电现场较远时，可用带有绝缘手柄的电工钳或有干燥木柄的斧头、铁锹等利器将电源线切断。切断时应防止带电导线断落触及周围的人体。多芯绞合线应分相切断，以防短路伤人
挑	先把电线挑开再救	如果导线搭落在触电者身上或压在身下，这时可用干燥木棒、竹竿等绝缘工具挑开导线或用绝缘绳套拉开触电者，使之脱离电源

续表

方法	示意图	说明
拽	不能直接拉人的肢体	救护人可戴上手套或在手上包缠干燥的衣服、围巾、帽子等绝缘物品拖拽触电者，使之脱离电源。如果触电者的衣裤是干燥的，又没有紧缠在身上，救护人可直接用一只手抓住触电者不贴身的衣裤，将触电者拉脱电源。但要注意拖拽时切勿触及触电者的体肤。救护人亦可站在干燥的木板、木桌椅或橡胶垫等绝缘物品上，用一只手将触电者从电源上拉开

2. 火灾事故与处理

火的应用是人类的进步，但不掌握它的规律，往往会给人们带来灾难，特别是电气火灾，会将我们所拥有的一切毁于一旦。所谓电气火灾一般是指由于电气线路、用电设备（或器具）以及供配电设备等出现故障释放热能而引发的火灾。

1）电气火灾的分类

电气火灾主要包括表 7-8 所列的 4 个方面。

表 7-8 电气火灾的分类

类别	说明
漏电火灾	所谓漏电，就是线路的某一个地方因为某种原因（自然原因或人为原因，如风吹雨打、潮湿、高温、碰压、划破、摩擦、腐蚀等）使电线的绝缘或支架材料的绝缘能力下降，导致电线与电线之间（通过损坏的绝缘、支架等）、导线与大地之间（电线通过水泥墙壁的钢筋、马口铁皮等）有一部分电流通过，这种现象就是漏电。 当漏电发生时，漏泄的电流在流入大地途中，如遇电阻较大的部位时，会产生局部高温，致使附近的可燃物着火，从而引起火灾。此外，在漏电点产生的漏电火花，同样也会引起火灾
短路火灾	电气线路中的裸导线或绝缘导线的绝缘体破损后，火线与零线，或火线与地线（接地从属于大地）在某一点碰在一起，引起电流突然增大的现象称为短路，俗称碰线、混线或连电。 由于短路时电阻突然减少，电流突然增大，其瞬间的发热量也很大，大大超过了线路正常工作时的发热量，并在短路点产生强烈的火花和电弧，不仅能使绝缘层迅速燃烧，而且能使金属熔化，引起附近的易燃可燃物燃烧，造成火灾
过负荷火灾	所谓过负荷是指当导线中通过电流量超过了安全载流量时，导线的温度不断升高，这种现象称为导线过负荷。 当导线过负荷时，加快了导线绝缘层老化变质。当严重过负荷时，导线的温度会不断升高，甚至会引起导线的绝缘发生燃烧，并能引燃导线附近的可燃物，从而造成火灾
接触电阻过大火灾	凡是导线与导线、导线与开关、熔断器、仪表、电气设备等连接的地方都有接头，在接头的接触面上形成的电阻称为接触电阻。当有电流通过接头时会发热，这是正常现象。如果接头处理良好，接触电阻不大时，接头处的发热很少，可以在正常温度下工作。如果接头中有杂质，连接不牢靠或其他原因使接头接触不良，造成接触部位的电阻过大，当电流通过接头处时，就会在此处产生大量的热，形成高温。当较大电流通过接触电阻过大的电气线路时，就会产生极大的热量，从而造成火灾

2）电气火灾的预防

电气火灾的预防工作主要是认真做好日常生活中以下几个方面事项。

（1）对用电线路进行巡视，以便及时发现问题。

（2）在设计和安装电气线路时，导线和电缆的绝缘强度不应低于网络的额定电压，绝缘子也要根据电源的不同电压进行选配。

（3）安装线路和施工过程中，要防止划伤、磨损、碰压导线绝缘层，并注意导线连接接头质量及绝缘包扎质量。

（4）在特别潮湿、高温或有腐蚀性物质的场所内，严禁绝缘导线明敷，应采用套管布线，在多尘场所，线路和绝缘子要经常打扫，勿积油污。

（5）严禁乱接乱拉导线，安装线路时，要根据用电设备负荷情况合理选用相应截面的导线。并且，导线与导线之间、导线与建筑构件之间及固定导线用的绝缘子之间应符合规程要求的间距。

（6）定期检查线路熔断器，选用合适的保险丝，不得随意调粗保险丝，更不准用铝线和铜线等代替保险丝。

（7）检查线路上所有连接点是否牢固可靠，要求附近不得存放易燃物品。

3）灭火器具的简介

当电气设备或线路发生电火灾时，要立即设法切断电源，而后再进行电火灾的扑救。以电气着火为例：应该立即关机，拔下电源插头或拉下总闸。

在扑救电气火灾时，应使用二氧化碳灭火器、四氯化碳灭火器、干粉灭火器、1211灭火器。表7-9所列，是几种灭火器的简介。

表7-9 几种灭火器的简介

种类	灭火器示图	用途	检查方法
二氧化碳灭火器		不导电。主要适用于扑灭贵重设备、档案资料、仪器仪表、600V以下的电器及油脂等火灾	每3月测量一次重量。当减少原重1/10时，应充气
四氯化碳灭火器		不导电。适用于扑灭电气设备火灾，但不能扑救钾、钠、镁、铝、乙炔等物质火灾	每3个月试喷少许。压力不够时，应充气
干粉灭火器		不导电。适用于扑灭石油产品、油漆、有机溶剂、天然气和电气设备的初起火灾	每年检查一次干粉，看其是否受潮或结冰，小钢瓶内气体压力，每半年检查一次。减少1/10时，应充气
1211灭火器		具有不导电、绝缘良好、灭火时不会污损物件，且不留痕迹，灭火速度快的特点。适用于扑灭油类、精密机械设备、仪表、电子仪器设备及文物、图书、档案等贵重物品的火灾	每3年检查一次，察看灭火器上的计量表或称重量，如果计量表指示在警戒线或重量减轻60%时，应充液

温馨提示 ●●●●

①灭火器是灭火的有效器具,但并不是决定的因素,决定的因素是人。我们应该牢记"预防为主、防消结合"的消防工作方针。②千万不允许用水和泡沫灭火器。泡沫灭火器不能用于带电设备的灭火,只适用于扑灭油脂类、石油产品及一般固体物质的初起火灾。

4)灭火器具的使用

灭火器是扑灭初起火灾的有效器具。常用的灭火器主要有二氧化碳灭火器和干粉灭火器。正确掌握灭火器的使用方法,就能准确、快速地处置初起火灾。

(1)二氧化碳灭火器的使用方法。二氧化碳灭火器的使用方法,如表7-10所列。

表7-10 二氧化碳灭火器的使用方法

	示 意 图	使 用 方 法
使 用 方 法	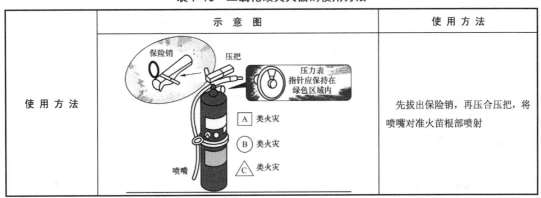	先拔出保险销,再压合压把,将喷嘴对准火苗根部喷射

(2)干粉灭火器的使用方法。干粉灭火器的使用方法,如表7-11所列。

表7-11 干粉灭火器的使用方法

		示 意 图	使 用 方 法
使用方法	第1步		将灭火器提至现场
	第2步	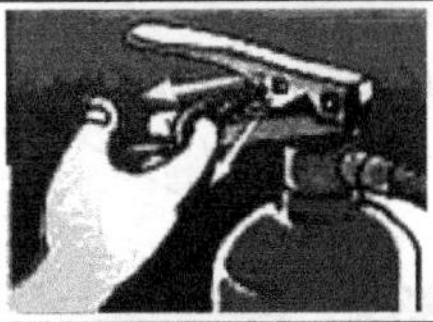	拉开保险销
	第3步		将喷嘴朝向火苗
	第4步	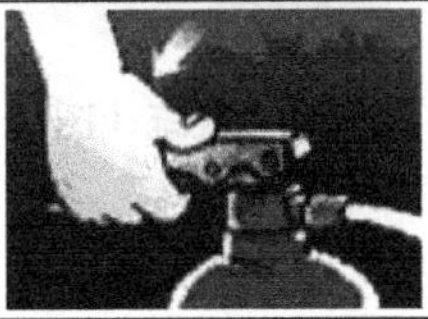	压合压把

续表

使用方法		示 意 图	使 用 方 法
	第5步	我扫我扫,我扫扫扫!	左右移动喷射
应用范围		手提式 ABC 干粉灭火器使用方便、价格便宜、有效期长,为一般家庭所选用。它既可以扑救燃气灶及液化气钢瓶角阀等处的初起火灾,也能扑救油锅起火和废纸篓等固体可燃物质的火灾	
注意事项		干粉灭火器在使用之前要颠倒几次,使筒内干粉松动。使用 ABC 干粉灭火器扑救固体火灾时,应将喷嘴对准燃烧最猛烈处左右移动喷射,尽量使干粉均匀地喷洒在燃烧物表面,直至把火全部扑灭	

温馨提示 ● ● ● ●

　　火灾事故重预防,无灾避难得健康。易燃杂物日清理,耗电设施标准装。正确使用保险丝,电路安全有保障。

　　室内禁存易燃品,正常使用莫荒唐。明火暗火卷烟头,远离易燃人安详。携手共创文明区,平安和谐你我他。

3. 坠落事故与救护

　　所谓高处作业是指人在一定位置为基准的高处进行的作业。按照国家标准《高处作业分级》规定:凡在坠落高度基准面 2m 以上(含 2m)的可能坠落的高处所进行的作业,都称为高处作业。

　　在施工现场高空作业中,如果未防护,防护不好或作业不当都可能发生人或物的坠落。人从高处坠落的事故,称为高处坠落事故;物体从高处坠落砸中下面人的事故,称为物体打击事故。

　　长期以来,预防施工现场高处坠落、物体打击事故始终是施工安全生产的首要任务。因为它会引起人员出血、软组织损伤、骨折与死亡。如图 7-13 所示,是工人在生产中发生事故的统计图。

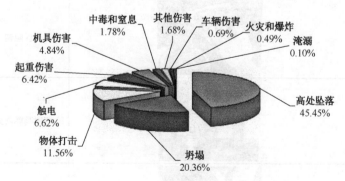

图 7-13　施工现场事故统计图

1）坠落事故发生的原因

造成坠落事故发生的主要原因为人员、气候、材料和装置等几方面。

（1）施工人员不注意自我保护，坐在防护栏上休息、在脚手架上睡觉等不安全行为。

（2）施工人员患有高血压、心脏病、贫血等不适合高处作业的疾病。

（3）气候原因造成的事故，如突遇大风、暴雨，夏季高温中暑晕倒坠落，冬季、雨季、霜冻打滑摔倒坠落。

（4）安全防护用品和材料质量不好，不符合安装和使用要求，或不按规定安装和使用。

（5）提升机具限位保险装置失灵或"带病"工作。

2）预防坠落事故的措施

坠落事故多发的行业要认真贯彻"安全第一、预防为主、综合治理"的方针，广泛采纳预防高处坠落事故的各项行之有效的措施，严格把好每一道关口，高处坠落事故是完全可以预防和避免的。

（1）控制人的因素，减少人的不安全行为。

① 严格规章制度，提高违章的成本。对于施工现场的"三违"（违章指挥、违章作业、违反劳动纪律）行为必须受到严格的惩罚，使责任单位和人员意识到违章划不来、承担不起，以杜绝他们冒险作业的念头。

② 定期对从事高处作业的人员进行健康检查，一旦发现有妨碍高处作业疾病或生理缺陷的人员，应当调离岗位。

③ 增大对高处作业人员的安全教育频率。除了对高处作业人员进行安全技术知识教育外，还应组织高处作业人员观看一些高处坠落事故的案例，让其时刻牢记注意自身的安全，以提高他们的安全意识和自身防护能力。

④ 寻找高处坠落事故的发生规律，对其进行针对性的教育和控制。如节假日前后、季节变化施工前、工程收尾阶段等作业人员人心比较散漫时进行针对性教育，并组织开展高处坠落的专项检查，通过检查，及时地将各种不利因素、事故苗头消灭在萌芽状态。

⑤ 加大现场安全检查的密度，及时纠正违章行为，通过安全巡检、周检、专项检查对在高处作业中违反安全技术操作规程的人员和违反劳动纪律的行为进行纠正，彻底改变作业人员习惯性违章的行为。

（2）控制物的因素，减少物的不安全状态。

① 把好入场关。安全帽、安全带、安全网等防护用品的证件必须齐全，在入场之前，必须按照要求进行抽检和验收，为了确保防护用品的质量，必要时应按照规定进行试验。如发现有不合格的产品，不得进入现场使用。

② 把好验收关。对脚手架等防护设施在使用之前必须按照要求组织验收，验收时相关负责人要履行签字手续，验收合格后才能投入使用。

③ 抓好责任落实。安全防护设施的管理要责任到人，对脚手架等防护设施必须指定专人负责管理，发现有损坏、挪动、达不到强度要求时要及时进行修复。

④ 抓好动态管理。现场施工的安全管理是个动态管理的过程，安全防护设施的安全管理也必须采取行之有效的措施。工程进入后期施工时，部分安全防护设施区域要进行施工作业，这就需要临时拆除防护设施，防护设施的拆除必须要经过现场安全负责人的批准，

并且在施工完毕后必须及时、有效地将安全防护设施恢复。且在防护设施拆除以后必须要有临时的防护措施，临时防护设施要满足强度要求。

（3）对管理缺陷的控制措施。

① 企业要建立健全各种安全生产责任制，详细制定出各种安全生产规章制度和操作规程。

② 现场高处作业必须严格按照要求编制专项方案，一般的高处作业要编制针对性、指导性强的专项方案，且方案必须按照程序进行审批。

③ 要重视教育、交底工作。现场在进行高处作业前，必须对相关人员进行教育，针对作业中将出现的不安全因素、危险源等对作业人员进行交底，保证作业人员的安全。

④ 重视施工现场的安全检查、整改措施。作业中注意检查高处作业人员是否严格遵守安全技术操作规程，是否按高处作业方案的相关要求去作业，现场的安全防护设施是否齐全有效，高处作业人员是否按规定佩戴安全防护用品等。针对检查中出现的问题必须按严格照"三定"（定人员、定时间、定措施）的措施落实整改。

（4）控制环境因素，改良作业环境。

① 禁止在大雨、大雪及六级以上大风等恶劣天气从事露天悬空高处作业。

② 夜间、照明光线不足时，不得从事悬空高处作业。

3）坠落现场救治技能

（1）对受伤人处理原则。处理是指在受伤现场和运送途中所采取的一系列临时性的应急医疗措施。实施现场外伤救治时，现场人员要本着救死扶伤的人道主义精神，要沉着、迅速地开展现场急救工作，坚持"先抢后救，先重后轻，先急后缓，先近后远；先止血后包扎，再固定后搬运"，即对窒息或心跳呼吸停止不久的伤员必须先复苏后搬运；对出血伤员必须先止血后搬运；对骨折伤员必须先固定后搬运，其目的在于抢救生命、保护患肢、防止组织再损伤和再污染，使之能安全而又迅速地到达就近医院，以便获得进一步的妥善治疗。现场抢救伤员的四项其本技能，如图7-14所示。

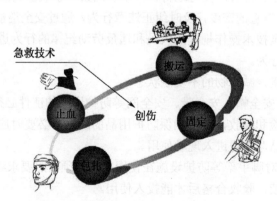

图7-14　现场抢救伤员的四项其本技能

（2）对骨折人的处理。

① 止血：止血的方法有许多，如指压止血、加压包扎止血法、填塞止血法、止血带止血法等。其中指压止血是一种常用的方法，它采用手指压迫伤口近心端的动脉，阻断动脉血运，从而有效地达到快速止血目的。指压止血法，见表7-12所列。总体出血示意图，如图7-15所示。

表 7-12 指压止血法（技能）

出血部位	示意图	说明
手部出血		互救时两手拇指分别压迫手腕横纹稍上处，内外侧（尺、桡动脉）各一处的搏动点
前臂出血		用拇指或其余四指压迫上臂内侧肱二头肌内侧沟处的搏动点
大腿以下出血		用双手拇指重叠用力压迫大腿上端腹沟中点稍下方的股动脉
足部出血		用两手拇指分别压迫足背中部近踝关节处的足背动脉和足跟内侧与内踝之间的胫后动脉
头顶部出血		一侧头顶部出血，用食指或拇指压迫同侧耳前方颞浅动脉
面部出血		一侧面部出血，用食指或拇指压迫同侧面动脉搏动处。面动脉在下颌骨下缘下颌角前方约 3cm 处
头面部都出血		一侧头、面部出血，可用拇指或其他四指在颈总动脉搏动处，压向颈椎方向。颈部动脉在气管与胸锁乳突肌之间
肩腋部出血		用食指压迫同侧锁骨窝中部的锁骨下动脉搏动处，将其压向深处的第一肋骨

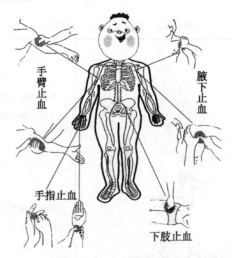

手臂止血

腋下止血

手指止血

下肢止血

图 7-15 总体出血示意图

温馨提示 ●●●●●

　　对有骨折的伤员均应按骨折进行急救处置，对于外伤大出血者在急救车未到前，现场采取止血措施；对昏迷、可能伤及脊椎、内脏或伤情不详者一律用担架或平板，禁止用搂、抱、背等方式搬运伤员。

　　其他止血法（加压包扎止血法、填塞止血法、止血带止血法）的示意图，如图7-16所示。

胶布不要完全环绕伤肢

（a）加压包扎止血法

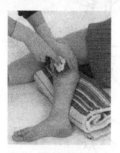

（b）填塞止血法

（c）止血带止血法

图 7-16 其他止血法

　　② 包扎：包扎的目的是保护伤员的伤口、减少污染、固定敷料、帮助止血。包扎的一般方法见表7-13所列。

表 7-13 包扎方法（技能）

包扎部位	示意图	说明
头部包扎	在颈后交叉带尾	将三角巾底边外翻2指宽，齐眉露耳，三角并两角，颈后交叉额前打结

续表

包 扎 部 位	示 意 图	说 明
下颌包扎	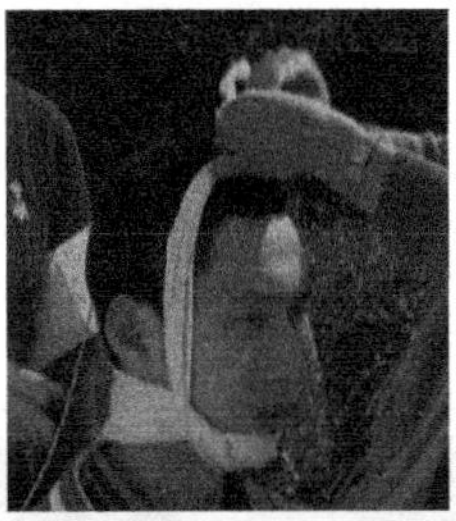	将三角巾折成四指宽的长带，一端系带，将折好的三角巾放在下颌部，将两端沿耳前上提，再一侧耳上与系带交叉，再环绕颈部在同耳后上方打结
肩部包扎	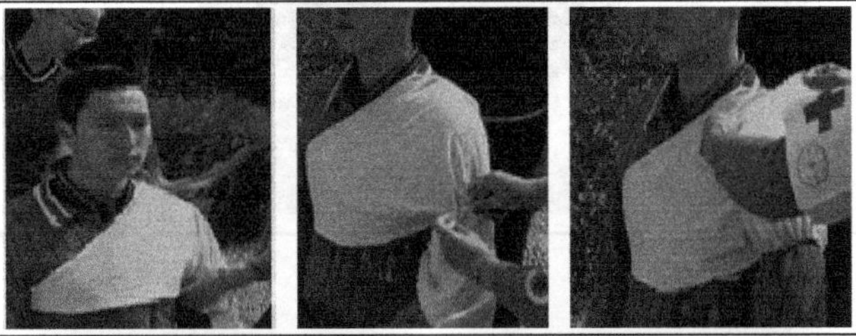	将三角巾的一底角放在对侧腋下，顶角过肩向后拉，将顶角上的系带在臂上1/3处缠紧，然后把另一底角反折拉向背部于对侧腋下打结
手部、脚部包扎	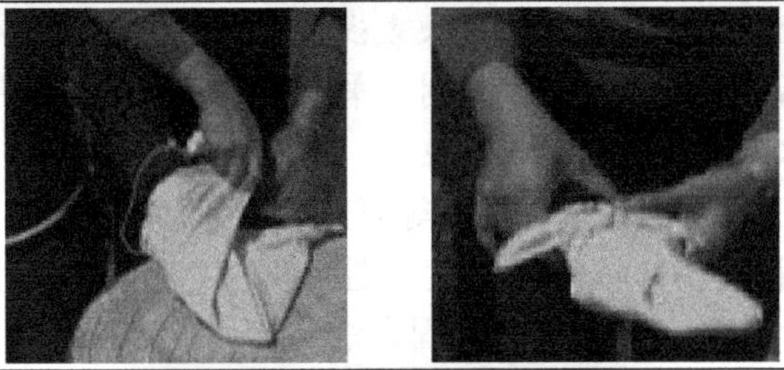	在手指间、脚趾间放置纱布进行隔离，三角巾一折二，手部中指或脚部拇指对准顶角，顶角上翻盖住手背或脚背，两角在手背或脚背交叉，围绕腕关节，在手背或脚背打结
臂部包扎	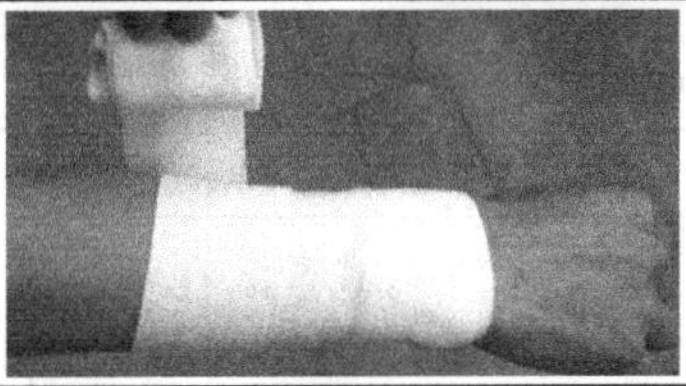	从肢体远端绕向近端，每缠一圈盖住前圈的1/3～1/2成螺旋状
胸部包扎		将三角巾折成燕尾式，围腰打结，上翻两个底角盖住胸部，将两底角在背部打结，系带与此结再打结
腹部包扎	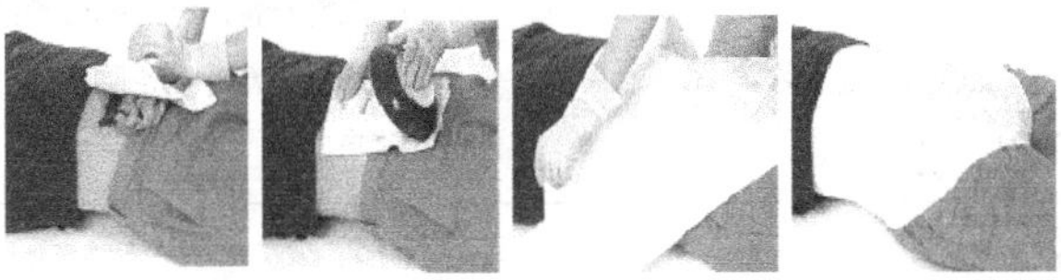	三角巾折成大小燕尾式，大片外、小片内，大片置裆中，系带与底边中围腰打结，大燕尾穿裆与小燕尾，在大腿外侧打结
单臀包扎		将三角巾一底角放在侧胯上，顶角盖住臀部，系带在裤袋处围绕大腿固定，下侧底角上翻至对侧腰部与另一底角在侧胯上打结

续表

包扎部位	示　意　图	说　明
膝（肘）部 包扎	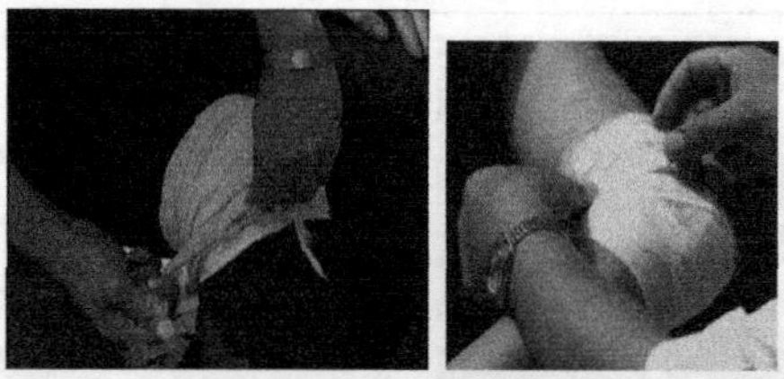	先将三角巾的顶角向底边对折四次，然后放在膝（肘）部，两端拉至膝（肘）后交叉，一端在上，一端在下，再由前向后至膝（肘）外侧打结
腿部包扎	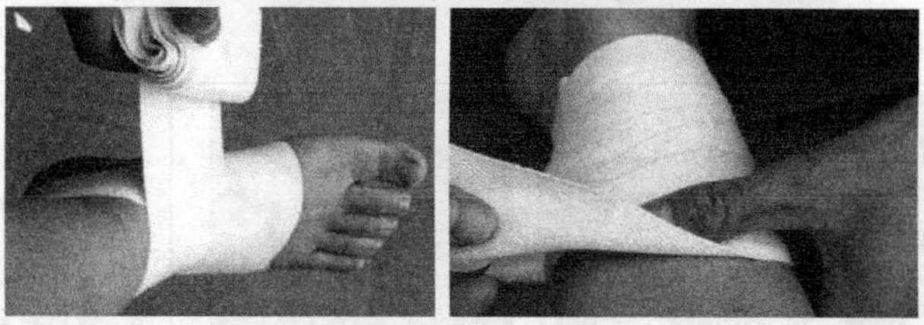	从肢体远端绕向近端，每缠一圈盖住前圈的 1/3～1/2 成螺旋状

温馨提示 ●●●●●

　　对较小表浅创口可以外涂碘伏消毒；对较大表浅创口采用生理盐水冲洗伤口，周围用肥皂水擦洗及碘伏消毒后，无菌敷料包扎。对小裂伤可以清洁处理后用蝶形胶布或创可贴封闭伤口；大裂伤采取包扎后迅速转送医院。

　　包扎常用材料：绷带和三角巾（衣裤、被单等剪开后也可急用）。

　　③ 定：固定目的是限制受伤部位的活动度，避免再伤，便于转运，减轻在搬运与运送中增加伤者的痛苦。骨折固定方法有夹板固定法、自体固定法等，见表 7-14 所列。

表 7-14　骨折固定方法（技能）

固定部位	示　意　图	说　明
前臂 骨折固定		用 2 块有垫夹板分别放在前臂的掌侧和背侧，前臂处于中立位，屈肘 90 度，用 3～4 条宽带缚扎夹板，再用大悬臂带把前臂挂在胸前
手腕 骨折固定	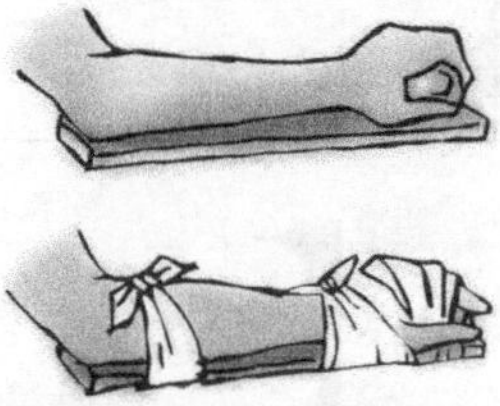	用一块有垫夹板放在前臂和手的掌侧，手握绷带卷，再用绷带缠绕固定，然后用大悬臂带把患臂挂于胸前
踝足部 骨折固定	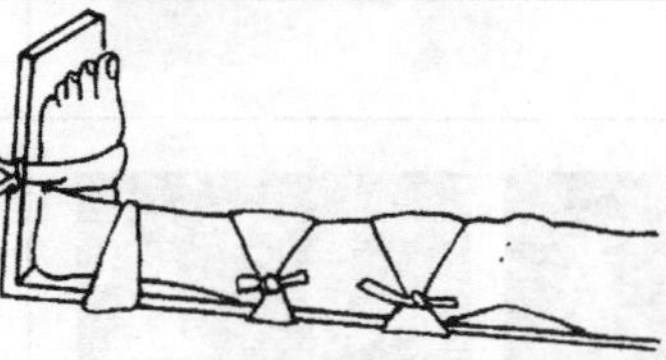	取一块直角夹板置于小腿后侧，用棉花或软布在踝部和小腿下部垫妥后，用宽带分别在膝下、踝上和脚掌缚扎固定

续表

固定部位	示　意　图	说　明
颈椎部骨折固定	 	务必使伤员头部固定于伤后位置，不屈、不伸、不旋转，数人合作将伤员抬至木板上，头部两侧用沙袋或卷起的衣服垫好固定，用数条宽带把伤员缚扎在木板上。否则，有引起压迫脊髓的危险，会造成伤员高位截瘫
锁骨部骨折固定	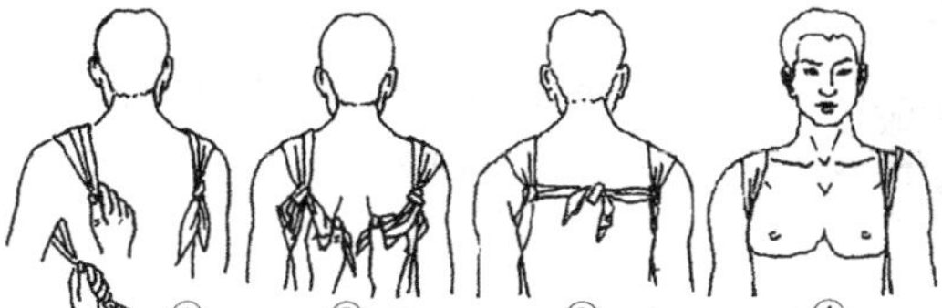 ①　②　③　④	按示意图中步骤用两条三角巾包扎固定
腰椎部骨折固定	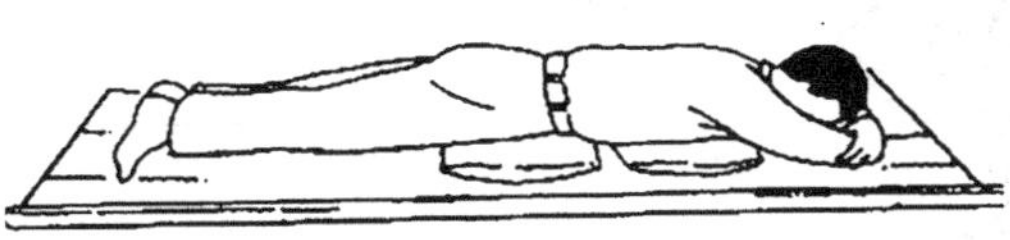	腰椎骨折，尽量避免骨折处移动，以免损伤脊髓，用硬板担架或门板轻轻移伤员至木板上，取仰卧位，用数条宽带缚扎伤员于木板上。若为软质担架，则令伤员采取俯卧位，使脊柱伸直禁止屈曲，送至医院
小腿部骨折固定	 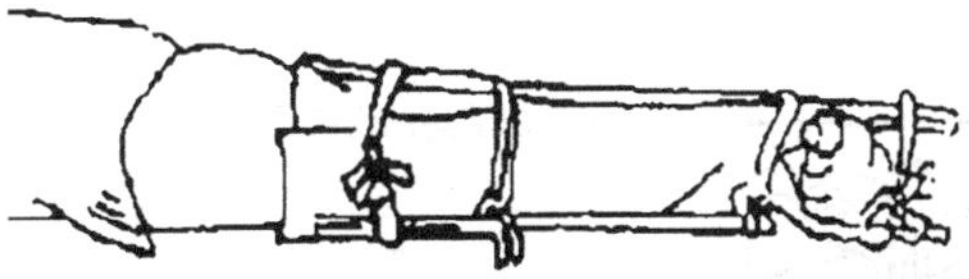	将木板放于伤肢外侧，如有两块则内外侧各一块，其长度应超出上下两关节，在关节处加垫，然后用 4 条三角巾绷扎固定
大腿部骨折固定	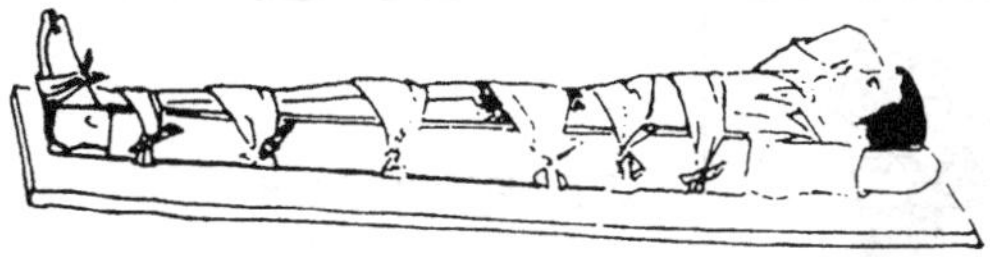	用长度从腋下到踝部宽 12cm 及长度从腹股沟到足底宽 8cm 的木板各一块，缠绕绷带后，在踝、膝、髋部加垫，放在伤肢内外两侧，再用双股绷带或三角巾分 5～7 处固定好

温馨提示 ●●●●

　　骨折的表现：休克、体温升高；局部表现：肿胀、畸形、活动受限，移动时疼痛，并有骨擦感。

　　固定原则：注意伤员全身情况，对外露的骨折端暂不应送回伤口，对畸形的伤部也不必复位，固定要牢靠，松紧要适度。

　　固定材料：①夹板、②敷料、③颈托、颈围或器具、④就地取材如木棒、树枝等。

　　注意事项：使用夹板打结方法或打结位置一定要正确、松紧适度。

　　④ 运与转运：在事故现场有单人、双人、三人或四人搬运与转运伤员的，其中又分多种，详见表 7-15 所列。

表 7-15　搬运与转运方法（技能）

方　　法		示　意　图	说　　　明
单人搬运	扶行法		适合那些没有骨折，伤势不重，能自己行走、神志清醒的伤病员
	背负法		适合那些体轻、神志清醒的伤病员，如有上、下肢及脊柱骨折不能用此法
	爬行法		适用于狭窄空间或浓烟环境下
	抱持法		适于体轻、无骨折且伤势不重的伤员，如有脊柱或大腿骨折禁用此法
双人搬运	桥杠式		适于神志清醒的伤病员
	拉车式		适于意识不清的伤病员
三人或四人搬运	平托式		三人或四人用于平托搬运，主要用于有脊柱骨折的伤病员
	侧运式		

温馨提示 ● ● ● ● ●

注意转送伤员的体位：对急症伤员，应该以平卧为好，使其全身舒展，上下肢放直；根据不同的病情，作一些适当的调整；高血压脑出血伤员，头部可适当垫高，减少头部的血流；昏迷者，可将其头部偏向一侧，以便呕吐物或痰液污物顺着流出来，不致吸入；对外伤出血处于休克状态的伤员，可将其头部适当放低些；多名伤员待救时，本着先送重伤员，后送轻伤员。

（3）对呼吸、心跳停止不久的处理，参考前面"口对口人工呼吸抢救"与"人工胸外挤压抢救"两种方法进行处理。

（4）对昏迷休克人的处理，应在现场处理的同时报警求助，送医院进一步解决。

知能拓展

拓展一：119 与 120 的拨打

1."119"和"120"的职能

（1）"119"的职能。"119"设在全国各县（市）以上公安"119"指挥中心内。它遵照公安部的"有警必接，有险必救，有难必帮，有求必应"的承诺，接受人民群众的报警。"119"接警主要内容有以下几种。

① 处置火灾及火灾引起的灾害。

② 处置化学品及毒气泄漏事故。

③ 处置因自然灾害引起的坍塌等事故，如台风、暴雨、大雪、洪水、火灾等自然灾害引起的各种险情。

④ 按照上级命令出警处置突发事件。

（2）"120"的职能。"120"设在县（市）以上卫生局所属的各级卫生医疗急救中心内。主要是受理危急病人的急救和抢救，进行早期救治病人。"120"急救中心应指令有关"120"医疗急救车和医务人员赶赴现场进行救治，并送到相关医院进行抢救。

2."119"和"120"的拨打

拨打求助电话"119"或"120"时，一定要沉着冷静，关键是要把情况用尽量简练的语言表达清楚。求助时要注意以下事项。

（1）拨打求助电话时，要记清求助电话号码。

（2）电话接通以后，要准确报出发生事故的地址（路名、门牌号等）、事故情况。

（3）将自己的姓名、电话或手机号码告诉对方，以便联系。注意听清对方提出的问题，以便正确回答。

（4）打完电话后，立即派人到交叉路口等候救助车辆，并迅速引导到现场。

（5）如果发生了新的变化，要立即告知，以便及时调整力量部署。

温馨提示 ● ● ● ● ●

严禁随意拨打"119"和"120"，更不允许恶意用"119"和"120"，如果有人恶意干扰将一查到底，并按照有关法律法规予以处理。

拓展二：电气事故案例

案例1：线路设计不合理，线路检修不到位

事故经过：某年4月8日上午11肘，济宁市任城区唐口镇一户旧民宅发生火灾。在家中无人的半个小时内，大火将四间房屋几乎烧成了灰烬。经过现场勘查和分析，发现火灾是由西屋向堂屋蔓延的，西屋南墙上的配电盘已部分燃烧变形，屋顶大梁已烧断，且屋内无其他火源和电器。现场询问，得知在离现场不足100m的道路边又有第二现场。第二现场为一通信线杆，当几乎是听到第一现场"着火"喊声的同时，第二现场发现从通信线杆上掉下了一团鸡蛋大小的火球，燃着了地上的草堆。与此同时，全区有12户正在看的电视忽然一闪，再也打不开了……

勘查和询问：发现第二现场所架设的通信线杆上方是民宅电网改造后的电线，而且距离民宅很近。电线（通信线杆顶部裸露的长约7cm、直径1cm的钢筋）随风摆动与钢筋摩擦下，接触处的电线绝缘层已裂开脱落，露出铜线。通信线杆下方的草堆有被火烧后的痕迹。

案例点评：民宅电路和通信线路的设计和安装虽然有先有后，但是没有统筹规划，出现施工隐患是必然的。网络改造在造福民众的同时，一定要使用合格电器，认真安装到位。住宅区里要成立一定的组织，制定安全检查制度，实施消防安全检查。重点是对电气不安全的居民实行定期上门，对电线、电表、电器进行检查。这样，主管人员能够发现问题及时检修，发现隐患及时整改，从根本上保证居民的利益。

温馨提示 ● ● ● ● ●

> 电气线路施工要重视线路设计的安全性；在操作中，要保证线路安装的可靠性；在使用时，要定期检查，发现隐患及时整改，才能从根本上保证电气线路的安全运行。

案例2：铜丝代替保险丝，财产赔偿负全责

事故经过：某年某月李某租住了王先生的房子，因租住期间使用大功率电器导致保险丝熔断，此后李某使用铜丝代替保险丝继续使用大功率电器，最后导致火灾的发生，大火蔓延至邻居家中，致使家具和家电全部烧毁。

勘查和询问：李某在租赁房屋时，应对房屋妥善使用、安全使用电路，以避免自己的财产和他人财产的损害。房屋使用人李某用铜丝替换了保险丝，使保险丝无法起保护作用，这是导致电线短路而引起火灾的根本原因，李某应对邻居的财产损失承担全部赔偿责任。

案例点评：作为房东，在将房子租给承租人前，必须对出租房屋内的消防设施、器材进行日常管理，如果出租房屋要改变使用功能和结构的，应当符合消防安全要求，发现火灾隐患及时消除或者通知承租人消除。承租人也要安全使用房屋，发现隐患及时消除。为避免纠纷，租赁双方可以在租房合同中写明双方的责任，入住前仔细检查相关设施的安全，做好交接。

温馨提示 ● ● ● ●

> "隐患险于明火，防范胜于救灾，责任重于泰山。"实践证明，对于常见的电气设备引起的火灾，如果使用部门或使用者了解必要的消防常识，提高消防意识，火灾是完全可以避免的。

案例 3：私自乱拉电源线，大火吞噬学生楼

事故经过：某年 3 月 19 日下午 4 点左右，南京某校 3 号男生宿舍楼突然起火，猛烈的大火很快将整间宿舍烧个精光，所幸没有人员受伤。

勘查和询问：宿舍存在着私拉电线的现象（如图 7-17 所示），当天下午宿舍内的电脑又一直没关，是电脑发热所引发的电气火灾。

案例点评：学校火灾成因，尤以电气火灾突出。如学生不注意安全用电、乱拉乱接电源线，在宿舍里违章使用大功率电器或不合格电器，以及电器长期处于运行与待机状态等都会导致火灾的发生。

图 7-17　乱接电源线大火吞没学生楼

温馨提示 ●●●●●

我们每一个人都要自觉遵守国家的法律法规，采取有效措施整改各种安全隐患，共同创建一个安全、稳定、和谐的学习和生活的环境。

案例 4：卫生间线路杂乱、缪同学洗澡身亡

事故经过：缪同学家住盐城，一家人来常熟做水产生意。某年 7 月的某天早晨，缪同学起床后跑到卫生间，在给电加热器接上电源时，因为手上有水，碰到接线板后触电，摔倒在水池里。缪同学的母亲听到声响跑到卫生间，切断了电源，拨打电话叫来救护车，可为时已晚，缪同学离开了人世。缪母悲痛万分，后悔不及……

勘查和询问：发生事故的房内电线乱接、乱搭严重，如图 7-18 所示，缪同学手上有水，在接插电源（接线板）时碰到金属带电体而导致触电事故发生。

图 7-18　房内电线乱接、乱搭

案例点评：这是一起乱接电线、违章作业的典型电气事故。为了保证安全用电，家庭用电线路一定要安装漏电保护器、电源插头选用单相三极。平时注意电线绝缘和电器具完好情况，在房屋内不乱接、乱搭电线，更不能用湿手接触带电的插座或接线极。如果发现不符合安全规定或电器已有损坏，应及时纠正和更换。

温馨提示 ●●●●●

平时要注意电线绝缘和电器具完好情况，如果发现不符合安全规定或电器已有损坏。应及时纠正和更换。

案例 5：改造撤线不彻底、事故发生伤人命

事故经过：某年 6 月 22 日下了一夜雨，23 日 5 时，××公司车间按照预定计划停产进行设备清理和改造。8 时，当班人员王某和韩某接班后，按照班里的安排，负责清理成品筛下料仓积存残料，约 8 时 20 分左右，王某离开了车间。8 时 30 分左右，韩某出来，到车间北面找工具时，发现在车间东北角（原传达室）墙外趴着 1 人，头朝东南面向西，脚担在一个南北放置的铁梯子上，离传达室西墙约 2m 多。这时韩某忙跑到车间办公室汇报，公司和车间领导等一齐跑到现场，当时发现从传达室西窗户上有落地电线，车间主任于某急喊拉电闸……当拉下车间电源总闸后，王某却被电击倒。公司领导不得不拉下公司电源的总闸。……可惜时间太迟，王某抢救无效死亡，而原传达室墙外趴着的那人也因接触漏电的线路，早已死亡。如图 7-19 所示，有隐患的线路。

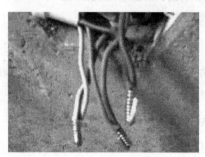

图 7-19　有隐患的线路

勘查和询问：漏电电线是多年前从原传达室引向车间的陈旧电线，公司在整体收购后未认真清理和改造，急于投入使用，致使王某等 2 人触电。

案例点评：这起事故是该企业"视利为重、忘却安全"所致。其教训深刻，给死者及其家庭带来极大伤害和痛苦，也给企业本身造成不良影响。公司应对责任人员做出处理，并责成公司对生产及生活区进行彻底检查整改、召开全体职工大会给职工有个交代，进行安全生产知识教育，以增强全员的安全保护意识。

温馨提示 ●●●●

> 部门责任人首先要有"安全第一、预防为主、综合治理"的观念。严格把好每一道关口。不仅要求职工注意安全，更要自己重视安全，真正要把安全措施落到实处。

案例 6：遇到险情不慌乱，正确有效救他人

事故经过：某年 12 月某日，某职校女生张某和同学在放学路上看到惊人一幕：一位同学的手被一根电线"粘"住发出惨叫，另一男同学急忙去拉她，又惊叫一声，两人脸上都呈现出痛苦、恐慌的表情，拼命地叫喊、挣扎……张同学判断两位同学已经触电，她镇定自若，没有贸然去拉他们，而是先拿出书包里的一双尼龙手套戴上，再用力将电线拽开，成功地救下了这两位同学。

勘查和询问：职校张同学在事故现场能正确处理所出现的问题，不仅用正确的方法救下他人，而且还在电线周围划了一个安全"大圈"，并在周围写上"防止触电、请勿接近"告示。

案例点评：当遇到有人触电，应立即断开电源或拔掉插头。若无法及时找到或断开电

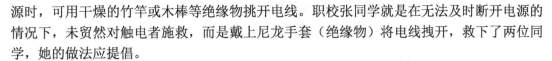

源时，可用干燥的竹竿或木棒等绝缘物挑开电线。职校张同学就是在无法及时断开电源的情况下，未贸然对触电者施救，而是戴上尼龙手套（绝缘物）将电线拨开，救下了两位同学，她的做法应提倡。

温馨提示 ● ● ● ●

触电现场救护原则是：迅速使触电者脱离电源，除及时拨打"120"联系医疗部门外，应根据触电者的具体情况，进行现场诊断和救护。急救的成功条件是"动作迅速、操作正确"，任何拖延和操作错误都可能导致触电者的死亡。

拓展三：坠落事故案例

案例1：绝缘破损真危险，高空坠落把身亡

事故经过：某年7月7日9时，某厂熔窑停产检修。一名电工和一名焊工配合在高处焊钢管。电工站在金属脚手架上，双手把着铁管一端，电焊工拖过焊把线在铁管另一端进行焊接。焊完后，电焊工从脚手架上下来，他刚接触金属脚手架时，突然触电摔倒，从2m多高的脚手架上坠落下来，经多方抢救无效不幸身亡。如图7-20所示，工人在高空作业。

图7-20 工人在高空作业

勘查和询问：本次事故是因为电焊机焊把在被拉到高处作业点时，焊把线外皮破损漏电造成金属梯带电。当该电工下脚手架时，电焊机的空载电压（70V）正加在他的两手之间所致。

案例点评：这起事故的教训是深刻的，它告诫我们①电焊机的次级空载电压虽然只有60～70V，但不是安全电压，故不能麻痹大意。②电焊机的焊把线绝缘必须完好，如有破损，应及时包扎好。③登高电工作业，不能使用金属材料制成的梯凳，而应该使用竹、木、玻璃钢等绝缘材料制成的登高用具，并且要按规定进行预防性试验，以保证检修人员的安全。④焊接时，焊件不应直接用手扶持，要用"绝缘夹件"夹住或固定。⑤在高处作业时，要有防跌保护措施，如系安全带、挂接接地线和有人监护等，以防止触电者从高处坠落，造成二次事故。

温馨提示 ● ● ● ●

这是一起触电后二次伤亡的典型电气事故，其主要原因是缺乏安全知识，没有接受过安全知识学习或学习不够、安全管理制度不到位和安全措施不完善。

案例2：监督检查流形式，误入禁区送性命

事故经过：某年6月22日上午，某市安装公司的王某等人接到通知：去电厂二期工程5#炉工地的25米处进行接线工作。

在王某等人从5#炉右侧22米层平台沿脚手架爬到25米处作业后，于10时55分结束工作后沿原处返回22米层平台时，不知道原来经过的平台安全格栅已被拆除，而从被拆除的孔洞中坠落至15米处钢梁上，头部碰到12米处的冷却水管，再落到6米高的一次风机的顶棚的竹篱笆上，经医院抢救无效死亡。

勘查和询问：王某等人在作业中，由于附近安装消防管工程人员拆除了自己工作后的安全平台格栅，而造成电力安装职工王某从掀开的平台格栅的孔洞高空坠落而伤亡。

案例点评：企业施工现场的监督检查不能流于形式，要加强对所有担任高空作业人员（包括现场负责人）的安全教育并落到实处，发现违章作业的异常行为，要加以制止，控制事故发生。现场安装负责人没有认真执行高空作业"三检"等相关管理规定，没有真正负起现场监管的职责。公司在制度上存在严重问题，是造成事故发生的又一间接原因。

温馨提示 ● ● ● ●

> 预防高处坠落的措施：①加强安全自我保护意识教育，强化管理安全防护用品的使用。②重点部位项目，严格执行安全管理专业人员旁站监督制度。③随施工进度，及时完善各项安全防护设施，各类竖井安全门栏必须设置警示牌。④安全专业人员，加强安全防护设施巡查，发现隐患及时落实解决。

案例3：电工登梯装电表、梯子滑落招伤害

事故经过：××市供电局装表人员陈某与徐某两人，于某年11月14日上午按工作计划去古城路267号安装新表。两人到达工作现场后，徐某在墙壁上固定表板，陈某自己登梯接线，约9时10分，陈某自己将铝合金梯子靠在屋檐雨披上，并向上攀登，当陈某登至约2m高度时，梯子忽然滑落，陈某随梯子后仰坠地，因安全帽系不牢靠，造成安全帽飞出，陈某后脑壳碰地并有少量出血，徐某立即停止工作，拨打120电话求救，由救护车将陈某送医院抢救……

勘查和询问：事故中由于梯子忽然滑落而陈某随梯子后仰坠地，以及陈某未系紧安全帽带所致。

案例点评：应该明确我们手中的《安规》和安全生产的保障措施，是给凶恶的"电老虎"设计的层层牢笼和枷锁。这次事故是因为参与工作的人员对于已经"驯服"的"电老虎"存在麻痹大意的思想，以为多年不发威的"电老虎"就真的成为"病猫"了。根本没有把电力系统运行维护工作的危险性看在眼里——擅自打开关押"电老虎"的牢笼和枷锁，让这只凶恶的"电老虎"有了发威的机会。

温馨提示 ● ● ● ●

> 现场施工的安全管理是个动态管理的过程，安全防护设施的安全管理也必须采取行之有效的措施。工作中要时刻保持安全生产的警惕性，防微杜渐，认真对待每一次工作任务，"电老虎"是完全可以驯服的。

案例 4：线路检修存隐患，违章作业真可怕

事故经过：某年 3 月 23 日，长春供电线停电检修，登杆检查清扫绝缘子。发现长春线西安分线的 4 号杆和 5 号杆两处断引。9 时 20 分，孟某登杆穿越低压线路时，手碰触到带电的低压线后触电，身体失去平衡，从高空坠落地面，造成脑干挫伤、颅底骨折，抢救无效死亡。工人在杆作业示图，如图 7-21 所示。

勘查和询问：施工现场仅 4 号杆高、低压全部断引，而 5 号杆只是高压断引，低压没有断引；工人在工作票签发前，没有认真核对图纸和到现场勘察，违反了"工作票所填写安全措施是否正确完备"等问题而引发了本次事故。

图 7-21　工人在杆上作业

案例点评：这次事故是供电工区对线路检查工作安排不细致，技术交底不清，线路验收不严不细，工作人员对线路情况不了解，违章作业，是造成事故的重要原因。

应该好好学习行业的"五想五不干"：一想安全风险，不清楚不干；二想安全措施，不完善不干；三想安全工具，未配备不干；四想安全环境，不合格不干；五想安全技能，不具备不干。

温馨提示 ●●●●

加强职工的安全知识和技能培训，提高职工的安全操作水平和自保互保意识，并强化联保责任制的落实，使每一位职工都承担起安全管理的责任。

案例 5：职责履行漏洞多，事故怎能不降临

事故经过：某年 9 月 5 日 7 时 50 分，发供电分公司供电工区副主任丁某在本单位早碰头会上安排"刘马线 2#线 614 线路明日送电，今日检修工段对该线路进行送电前的巡线检查"。8 时 10 分左右，检修工段班前会上，检修工段长张某安排由他本人带领一班长陈某、二班长冯某进行 614 线路巡线检查。

8 时 20 分左右，三人开始对 614 线路进行巡线检查。9 时左右，张某和冯某到 5#管塔至配电室的电缆沟去检查，陈某在井口外监护。张某和冯某检查完电缆出来后，发现陈某不在井口附近，便向 3#管塔走去，在走到 3#管塔附近厕所拐角处时，听到"哎呀！"一声，随后发现陈某从 3#管塔处摔了下来，头部触地。张某和冯某赶紧上前查看，发现情况严重，立即拨打了 120 急救电话，将陈某送至医院后经抢救无效死亡。工人对线路进行巡视检查，如图 7-22 所示。

勘查和询问：事故是由于陈某攀爬上带有 6kV 高压带电线路的铁塔上检查线路时，右手触及 615 线路引流线，被电击从铁塔上摔落地面致脑损伤死亡。

图 7-22　进行线路巡视检查

案例点评：这次事故是现场安全生产规章制度不严格、员工安全操作规程未落在实处所致。要求企业做好以下几点。

（1）组织公司全体干部职工应认真研究和深刻反思事故暴露出的问题，有针对性地建立完善和强化落实各项安全生产规章制度、操作规程，全面提升员工安全素质，夯实安全生产基础，提高安全管理水平。

（2）立即对现有线路健全完善标示标牌，新建线路投入运行前，要按照电力规程的规定认真组织验收，确保线路标识牌和安全标志齐全，在安全运行条件符合规程要求的情况下，方可投入运行。

（3）对线路巡检时，严格现场作业票管理制度，严禁在未办理工作票手续、未制定安全措施的情况下进行登高带电作业。

案例 6：领导管理不到位，员工作业酿事故

事故经过：某年 X 月 XX 日，在由某公司负责施工 XXX 送电线路工程中，外协队伍人员在安装施工提线过程中，由于起吊葫芦挂点未使用施工孔，而是单侧捆扎在横担主材上，而横担主材经事后检验为 Q235，非设计的 Q345，受力后主材发生断裂，导致发生施工人员安全带被切断的坠落事故。

勘查和询问：外协队伍人员现场作业时未采用正确的施工方法是导致这次事故的直接原因之一；受力的横担主材为 Q235 而非设计的 Q345，同样也是造成本次事故的直接原因。

案例点评：这次事故充分暴露出施工单位在工程安全管理方面存在管理不到位，施工技术方案不落实，以及质量管理混乱等问题。它告诫我们：在工程施工中，千万不能忘记安全管理。现场监理和施工项目部的管理人员不能"真空"，同时要重视对图纸、器材的有效辨识。

温馨提示 ●●●●

对从事高处作业人员要坚持开展经常性安全教育和安全技术培训，使其认识掌握高处坠落事故规律和事故危害，牢固树立安全意识，掌握预防、控制事故能力，并做到严格执行安全操作规程。"警钟长鸣"为了贯彻"安全第一、预防为主"的基本方针，从根本上杜绝触电事故的发生，必须在制度上、技术上采取一系列的预防和保护措施，才能避免或减少事故的发生。

事故现场的救护演练

践行卡

按照假设事故（如触电或坠落事故）的情景，组织一次事故现场救护演练，并完成表 7-16 所列的评议和学分给定工作。

表 7-16　事故现场救护演练记录表

班　级		姓　名		学　号		日　期	
演练方案							
演练情况							
小组交流意见							
评　议	评 定 人	评 议 情 况			等　级		签　名
	自己评价						
	同学评议						
	老师评定						

项目摘要

（1）电是一种看不见摸不到的物质，只能用仪表测量。如果使用不合理、安装不恰当、维修不及时或违反操作规程，都会带来不良的后果，甚至会导致人身伤害。

（2）触电的方式一般有"单线触电"、"两线触电"和"跨步电压触电"3 类。

（3）电力部门规定：凡是设备对地电压在 250V 以上者为高压，对地电压在 250V 以下者为低压。而 36V 及以下的电压为安全电压（一般情况下对人体无危险）。

（4）触电事故的原因，归纳起来主要是缺乏电气常识和电器具不合格或安装不符合要求所造成。

（5）口对口人工呼吸抢救和人工胸外挤压抢救是触电现场急救的基本方法。

（6）安全标志是用以表达安全信息的标志，根据国家有关标准，安全标志由图形符号、安全颜色、几何形状（边框）或文字构成。

（7）为了贯彻"安全第一、预防为主"的基本方针，从根本上杜绝触电事故的发生，必须在制度上、技术上采取一系列的预防和保护措施。

（8）停电作业是指在电气设备或线路不带电的情况下，所进行的电气检修工作。停电作业分为全停电和部分停电作业。

（9）对电气设备进行"接地"，是保证人身和设备安全的一项重要举措。

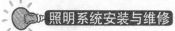

 自我检测

1．填空题

（1）触电的形式有：_____、_____和_____三种

（2）凡对地电压在_____以上者为高压电，对地电压在_____以下者为低压电。

（3）根据电力部门规定的安全电压是_____。

（4）使触电者脱离电源的方法，概括起来是_____和___4个字。

（5）触电现场抢救中，以_____和_____两种抢救方法为主。

（6）当电气设备或线路发生电火灾时，要先_____，再_____。

（7）在___、___上采取一系列的预防和保护措施，才能避免或减少电气事故的发生。

2．判断题

（1）人体的某一部位碰到相线或绝缘性能不好的电气设备外壳时，电流由相线经人体流入大地的触电现象称为单相触电。　　　　　　　　　　　　　　　　（　　）

（2）人体虽没有接触带电设备外壳或带电导线，但是跨步行走在电位分布曲线的范围内而造成的触电现象称为跨步电压触电。　　　　　　　　　　　　　　　（　　）

（3）我国工厂所用的380V交流电是高压电。　　　　　　　　　　　　　　（　　）

（4）凡是低压电压就是安全电压。　　　　　　　　　　　　　　　　　　　（　　）

（5）安全用电，以防为主。　　　　　　　　　　　　　　　　　　　　　　（　　）

（6）触电现场抢救中不能打强心针，也不能泼冷水。　　　　　　　　　　　（　　）

3．简答题

（1）为什么必须学习安全用电的知识？

（2）现场紧急救护的基本原则和急救成功条件是什么？

（3）如何运用口对口人工呼吸和人工胸外挤压两种现场紧急抢救方法进行抢救？在抢救时应注意什么问题？

附 录

附录A 特种作业人员安全技术培训考核管理规定

第一章 总 则

第一条 为了规范特种作业人员的安全技术培训考核工作,提高特种作业人员的安全技术水平,防止和减少伤亡事故,根据《安全生产法》、《行政许可法》等有关法律、行政法规,制定本规定。

第二条 生产经营单位特种作业人员的安全技术培训、考核、发证、复审及其监督管理工作,适用本规定。

有关法律、行政法规和国务院对有关特种作业人员管理另有规定的,从其规定。

第三条 本规定所称特种作业,是指容易发生事故,对操作者本人、他人的安全健康及设备、设施的安全可能造成重大危害的作业。特种作业的范围由特种作业目录规定。

本规定所称特种作业人员,是指直接从事特种作业的从业人员。

第四条 特种作业人员应当符合下列条件:

(一)年满18周岁,且不超过国家法定退休年龄;

(二)经社区或者县级以上医疗机构体检健康合格,并无妨碍从事相应特种作业的器质性心脏病、癫痫病、美尼尔氏症、眩晕症、癔症、震颤麻痹症、精神病、痴呆症以及其他疾病和生理缺陷;

(三)具有初中及以上文化程度;

(四)具备必要的安全技术知识与技能;

(五)相应特种作业规定的其他条件。

危险化学品特种作业人员除符合前款第(一)项、第(二)项、第(四)项和第(五)项规定的条件外,应当具备高中或者相当于高中及以上文化程度。

第五条 特种作业人员必须经专门的安全技术培训并考核合格,取得《中华人民共和国特种作业操作证》(以下简称特种作业操作证)后,方可上岗作业。

第六条 特种作业人员的安全技术培训、考核、发证、复审工作实行统一监管、分级实施、教考分离的原则。

第七条 国家安全生产监督管理总局(以下简称安全监管总局)指导、监督全国特种作业人员的安全技术培训、考核、发证、复审工作;省、自治区、直辖市人民政府安全生产监督管理部门指导、监督本行政区域特种作业人员的安全技术培训工作,负责本行政区域特种作业人员的考核、发证、复审工作;县级以上地方人民政府安全生产监督管理部门负责监督检查本行政区域特种作业人员的安全技术培训和持证上岗工作。

国家煤矿安全监察局(以下简称煤矿安监局)指导、监督全国煤矿特种作业人员(含煤矿矿井使用的特种设备作业人员)的安全技术培训、考核、发证、复审工作;省、自治区、直辖市人民政府负责煤矿特种作业人员考核发证工作的部门或者指定的机构指导、监督本行政区域煤矿特种作业人员的安全技术培训工作,负责本行政区域煤矿特种作业人员的考核、发证、复审工作。

省、自治区、直辖市人民政府安全生产监督管理部门和负责煤矿特种作业人员考核发证工作的部门或者指定的机构（以下统称考核发证机关）可以委托设区的市人民政府安全生产监督管理部门和负责煤矿特种作业人员考核发证工作的部门或者指定的机构实施特种作业人员的考核、发证、复审工作。

第八条　对特种作业人员安全技术培训、考核、发证、复审工作中的违法行为，任何单位和个人均有权向安全监管总局、煤矿安监局和省、自治区、直辖市及设区的市人民政府安全生产监督管理部门、负责煤矿特种作业人员考核发证工作的部门或者指定的机构举报。

第二章　培　训

第九条　特种作业人员应当接受与其所从事的特种作业相应的安全技术理论培训和实际操作培训。

已经取得职业高中、技工学校及中专以上学历的毕业生从事与其所学专业相应的特种作业，持学历证明经考核发证机关同意，可以免予相关专业的培训。

跨省、自治区、直辖市从业的特种作业人员，可以在户籍所在地或者从业所在地参加培训。

第十条　对特种作业人员的安全技术培训，具备安全培训条件的生产经营单位应当以自主培训为主，也可以委托具备安全培训条件的机构进行培训。

不具备安全培训条件的生产经营单位，应当委托具备安全培训条件的机构进行培训。

生产经营单位委托其他机构进行特种作业人员安全技术培训的，保证安全技术培训的责任仍由本单位负责。

第十一条　从事特种作业人员安全技术培训的机构（以下统称培训机构），应当制定相应的培训计划、教学安排，并按照安全监管总局、煤矿安监局制定的特种作业人员培训大纲和煤矿特种作业人员培训大纲进行特种作业人员的安全技术培训。

第三章　考　核　发　证

第十二条　特种作业人员的考核包括考试和审核两部分。考试由考核发证机关或其委托的单位负责；审核由考核发证机关负责。

安全监管总局、煤矿安监局分别制定特种作业人员、煤矿特种作业人员的考核标准，并建立相应的考试题库。

考核发证机关或其委托的单位应当按照安全监管总局、煤矿安监局统一制定的考核标准进行考核。

第十三条　参加特种作业操作资格考试的人员，应当填写考试申请表，由申请人或者申请人的用人单位持学历证明或者培训机构出具的培训证明向申请人户籍所在地或者从业所在地的考核发证机关或其委托的单位提出申请。

考核发证机关或其委托的单位收到申请后，应当在60日内组织考试。

特种作业操作资格考试包括安全技术理论考试和实际操作考试两部分。考试不及格的，允许补考1次。经补考仍不及格的，重新参加相应的安全技术培训。

第十四条　考核发证机关委托承担特种作业操作资格考试的单位应当具备相应的场

所、设施、设备等条件，建立相应的管理制度，并公布收费标准等信息。

第十五条　考核发证机关或其委托承担特种作业操作资格考试的单位，应当在考试结束后 10 个工作日内公布考试成绩。

第十六条　符合本规定第四条规定并经考试合格的特种作业人员，应当向其户籍所在地或者从业所在地的考核发证机关申请办理特种作业操作证，并提交身份证复印件、学历证书复印件、体检证明、考试合格证明等材料。

第十七条　收到申请的考核发证机关应当在 5 个工作日内完成对特种作业人员所提交申请材料的审查，做出受理或者不予受理的决定。能够当场做出受理决定的，应当当场做出受理决定；申请材料不齐全或者不符合要求的，应当当场或者在 5 个工作日内一次告知申请人需要补正的全部内容，逾期不告知的，视为自收到申请材料之日起即已被受理。

第十八条　对已经受理的申请，考核发证机关应当在 20 个工作日内完成审核工作。符合条件的，颁发特种作业操作证；不符合条件的，应当说明理由。

第十九条　特种作业操作证有效期为 6 年，在全国范围内有效。

特种作业操作证由安全监管总局统一式样、标准及编号。

第二十条　特种作业操作证遗失的，应当向原考核发证机关提出书面申请，经原考核发证机关审查同意后，予以补发。

特种作业操作证所记载的信息发生变化或者损毁的，应当向原考核发证机关提出书面申请，经原考核发证机关审查确认后，予以更换或者更新。

第四章　复　　审

第二十一条　特种作业操作证每 3 年复审 1 次。

特种作业人员在特种作业操作证有效期内，连续从事本工种 10 年以上，严格遵守有关安全生产法律法规的，经原考核发证机关或者从业所在地考核发证机关同意，特种作业操作证的复审时间可以延长至每 6 年 1 次。

第二十二条　特种作业操作证需要复审的，应当在期满前 60 日内，由申请人或者申请人的用人单位向原考核发证机关或者从业所在地考核发证机关提出申请，并提交下列材料：

（一）社区或者县级以上医疗机构出具的健康证明；

（二）从事特种作业的情况；

（三）安全培训考试合格记录。

特种作业操作证有效期届满需要延期换证的，应当按照前款的规定申请延期复审。

第二十三条　特种作业操作证申请复审或者延期复审前，特种作业人员应当参加必要的安全培训并考试合格。

安全培训时间不少于 8 个学时，主要培训法律、法规、标准、事故案例和有关新工艺、新技术、新装备等知识。

第二十四条　申请复审的，考核发证机关应当在收到申请之日起 20 个工作日内完成复审工作。复审合格的，由考核发证机关签章、登记，予以确认；不合格的，说明理由。

申请延期复审的，经复审合格后，由考核发证机关重新颁发特种作业操作证。

第二十五条　特种作业人员有下列情形之一的，复审或者延期复审不予通过：

（一）健康体检不合格的；

（二）违章操作造成严重后果或者有 2 次以上违章行为，并经查证确实的；

（三）有安全生产违法行为，并给予行政处罚的；

（四）拒绝、阻碍安全生产监管监察部门监督检查的；

（五）未按规定参加安全培训，或者考试不合格的；

（六）具有本规定第三十条、第三十一条规定情形的。

第二十六条　特种作业操作证复审或者延期复审符合本规定第二十五条第（二）项、第（三）项、第（四）项、第（五）项情形的，按照本规定经重新安全培训考试合格后，再办理复审或者延期复审手续。

再复审、延期复审仍不合格，或者未按期复审的，特种作业操作证失效。

第二十七条　申请人对复审或者延期复审有异议的，可以依法申请行政复议或者提起行政诉讼。

第五章　监　督　管　理

第二十八条　考核发证机关或其委托的单位及其工作人员应当忠于职守、坚持原则、廉洁自律，按照法律、法规、规章的规定进行特种作业人员的考核、发证、复审工作，接受社会的监督。

第二十九条　考核发证机关应当加强对特种作业人员的监督检查，发现其具有本规定第三十条规定情形的，及时撤销特种作业操作证；对依法应当给予行政处罚的安全生产违法行为，按照有关规定依法对生产经营单位及其特种作业人员实施行政处罚。

考核发证机关应当建立特种作业人员管理信息系统，方便用人单位和社会公众查询；对于注销特种作业操作证的特种作业人员，应当及时向社会公告。

第三十条　有下列情形之一的，考核发证机关应当撤销特种作业操作证：

（一）超过特种作业操作证有效期未延期复审的；

（二）特种作业人员的身体条件已不适合继续从事特种作业的；

（三）对发生生产安全事故负有责任的；

（四）特种作业操作证记载虚假信息的；

（五）以欺骗、贿赂等不正当手段取得特种作业操作证的。

特种作业人员违反前款第（四）项、第（五）项规定的，3年内不得再次申请特种作业操作证。

第三十一条　有下列情形之一的，考核发证机关应当注销特种作业操作证：

（一）特种作业人员死亡的；

（二）特种作业人员提出注销申请的；

（三）特种作业操作证被依法撤销的。

第三十二条　离开特种作业岗位6个月以上的特种作业人员，应当重新进行实际操作考试，经确认合格后方可上岗作业。

第三十三条　省、自治区、直辖市人民政府安全生产监督管理部门和负责煤矿特种作业人员考核发证工作的部门或者指定的机构应当每年分别向安全监管总局、煤矿安监局报告特种作业人员的考核发证情况。

第三十四条　生产经营单位应当加强对本单位特种作业人员的管理，建立健全特种作业人员培训、复审档案，做好申报、培训、考核、复审的组织工作和日常的检查工作。

第三十五条　特种作业人员在劳动合同期满后变动工作单位的，原工作单位不得以任

何理由扣押其特种作业操作证。

跨省、自治区、直辖市从业的特种作业人员应当接受从业所在地考核发证机关的监督管理。

第三十六条　生产经营单位不得印制、伪造、倒卖特种作业操作证，或者使用非法印制、伪造、倒卖的特种作业操作证。

特种作业人员不得伪造、涂改、转借、转让、冒用特种作业操作证或者使用伪造的特种作业操作证。

第六章　罚　则

第三十七条　考核发证机关或其委托的单位及其工作人员在特种作业人员考核、发证和复审工作中滥用职权、玩忽职守、徇私舞弊的，依法给予行政处分；构成犯罪的，依法追究刑事责任。

第三十八条　生产经营单位未建立健全特种作业人员档案的，给予警告，并处 1 万元以下的罚款。

第三十九条　生产经营单位使用未取得特种作业操作证的特种作业人员上岗作业的，责令限期改正；可以处 5 万元以下的罚款；逾期未改正的，责令停产停业整顿，并处 5 万元以上 10 万元以下的罚款，对直接负责的主管人员和其他直接责任人员处 1 万元以上 2 万元以下的罚款。

煤矿企业使用未取得特种作业操作证的特种作业人员上岗作业的，依照《国务院关于预防煤矿生产安全事故的特别规定》的规定处罚。

第四十条　生产经营单位非法印制、伪造、倒卖特种作业操作证，或者使用非法印制、伪造、倒卖的特种作业操作证的，给予警告，并处 1 万元以上 3 万元以下的罚款；构成犯罪的，依法追究刑事责任。

第四十一条　特种作业人员伪造、涂改特种作业操作证或者使用伪造的特种作业操作证的，给予警告，并处 1000 元以上 5000 元以下的罚款。

特种作业人员转借、转让、冒用特种作业操作证的，给予警告，并处 2000 元以上 10000 元以下的罚款。

第七章　附　则

第四十二条　特种作业人员培训、考试的收费标准，由省、自治区、直辖市人民政府安全生产监督管理部门会同负责煤矿特种作业人员考核发证工作的部门或者指定的机构统一制定，报同级人民政府物价、财政部门批准后执行，证书工本费由考核发证机关列入同级财政预算。

第四十三条　省、自治区、直辖市人民政府安全生产监督管理部门和负责煤矿特种作业人员考核发证工作的部门或者指定的机构可以结合本地区实际，制定实施细则，报安全监管总局、煤矿安监局备案。

第四十四条　本规定自 2010 年 7 月 1 日起施行。1999 年 7 月 12 日原国家经贸委发布的《特种作业人员安全技术培训考核管理办法》（原国家经贸委令第 13 号）同时废止。

附录 B 常用建筑工程图例符号

图 例	名 称	图 例	名 称
	普通砖墙		自然土壤
	钢筋混凝土墙		砂、灰土及粉刷材料
	普通砖柱		普通砖
	钢筋混凝土柱		混凝土
	固定窗户		钢筋混凝土
	平开窗户		金属
	单扇门		木材
	双扇门		玻璃
	双扇弹簧门		松土夯实
	高窗		空门洞
	不可见孔洞		墙内单扇推拉门
	可见孔洞		污水池
0.000	标高符号（用 m 表示）		底层楼梯
① ㉔	轴线号与附加轴线号	上／下／上／下	中间层楼梯 顶层楼梯

附录 C 电工职业技能岗位鉴定习题（部分）

1．判断题

（1）导体的电阻只与导体的材料有关。　　　　　　　　　　　　　　　　　（　　）

（2）40W 的灯泡，每天用电 5h，5 月份共用电 6kWh。　　　　　　　　　（　　）

（3）在用兆欧表测试前，必须使设备带电，这样，测试结果才准确。　　　（　　）

（4）单相电能表的额定电压一般为 220V、380V、660V。　　　　　　　　（　　）

（5）试电笔能分辨出交流电和直流电。　　　　　　　　　　　　　　　　（　　）

（6）橡胶、棉纱、纸、麻、蚕丝、石油等都属于有机绝缘材料。　　　　　（　　）

（7）导线接头接触不良往往是电气事故的来源。　　　　　　　　　　　　（　　）

（8）为了用电安全，我们一定要牢记"相线（俗称'火线'）进开关，零线（俗称'地线'）进灯头"的法则。　　　　　　　　　　　　　　　　　　　　　　　　　（　　）

（9）电气故障寻迹前，一定要做到"先切断电源、后操作"。　　　　　　（　　）

（10）电能表（电度表）是一种测量电功率的仪表。　　　　　　　　　　（　　）

（11）黑胶布可用于 500V 以下的电线绝缘恢复。　　　　　　　　　　　（　　）

（12）熔断器是电气设备中作短路保护的装置。　　　　　　　　　　　　（　　）

（13）为了用电安全，应在三相四线制电路的中性线上安装熔断器。　　　（　　）

（14）熔断器安装时，应做到下一级熔体比上一级熔体小。 （ ）

（15）导线羊眼圈的绕制方向是逆时针的。 （ ）

（16）良好的导线连接，其接头机械拉力不得小于原导线机械拉力的80%。

（ ）

（17）安装的扳把开关规定：扳把向下为电路接通；扳把向上为电路断开。

（ ）

（18）为了不使接头处承受灯具的重力，吊灯电源线在进入挂线盒后，在离接线端头50mm处一定要打个保险结（即电工结）。 （ ）

（19）采用螺口灯座时，应将相（火）线接顶芯极，零线接螺纹极，否则容易发生触电事故。 （ ）

（20）线路敷设时的预留线端长度一般为200～300mm。 （ ）

（21）使用万用表测量电阻，每换一次欧姆挡都要把指针调零一次。 （ ）

（22）电烙铁的保护接线端可以接线，也可不接线。 （ ）

（23）装接地线时，应先装三相线路端，然后装接地端；拆时相反，先拆接地端，后拆三相线路端。 （ ）

（24）经常反转及频繁通断工作的电动机，宜用热继电器来保护。 （ ）

（25）检查低压电动机定子、转子绕组各相之间和绕组对地的绝缘电阻，用500V绝缘电阻测量时，其数值不应低于0.5MΩ，否则应进行干燥处理。 （ ）

2. 填空题

（1）我国住宅的电源电压一般为____V，频率为____Hz。

（2）万用表的是一种用来测量____、____、____和____的测仪表。

（3）判断电气设备（如电动机）绝缘性能的仪表叫____。在使用时，应用单股导线将仪表的____端与设备外壳相连接，仪表的____端与设备的待测部位相连接。

（4）电力部门规定：设备对地电压为____V及____V以下者，为安全电压。

（5）电气设备发生故障，一般应先____，用____验电，确认无电后才能进行检查工作。

（6）凡单相三芯插座，其插座的上孔接___，插座下面的2个孔分别接___和____（即左孔接____，右孔接____），不能接错。

（7）配电箱的安装，有____和____等方式。

（8）采用挂式安装配电箱时，箱底距地间为____（除特殊要求外），箱（板）垂直安装偏差不大于____。

（9）导线绝缘层的剥离方法有____、____和____等几种。

（10）所谓导线绝缘层的"恢复"，是指将破坏或连接后的导线连接处，用绝缘材料（如胶布）重新进行恢复绝缘的工艺过程。电工通常采用的方法是：____。

（11）电气图包括____、____、____、____。

（12）____可以将同一电气元件分解为几部分，画在不同的回路中，但以同一文字符号标注。

（13）用符号表示成套装置、设备或装置的内外部各种连接关系的一种简图称为____。

（14）电工常用的仪表除电流表、电压表外，还有____、____、____、____。

（15）万用表由____、_____、_____部分组成。

（16）兆欧表也称____，是专供测量_____用的仪表。

（17）一般情况下，低压电器的静触头应接_____，动触头接_____。

（18）母线相序的色别规定，L1 相为____颜色，L2 相为____颜色，L3 相为____颜色，其中接地零线为_____颜色。

（19）导线连接有_____、____、_____三种方法。

3．选择题

（1）一般钳形表实际上是一个电流互感器和一个交流（　　）的组合体。

　　A．电压表　　　　B．电流表　　　　C．频率表

（2）用万用表 $R×100Ω$ 档测量一只晶体管各极间正反向电阻，如果都呈现很小的阻值，则这只晶体管（　　）。

　　A．越大越好　　　B．越小越好　　　　C．不大则好

（3）用万用表欧姆挡测量二极管的极性和好坏时，应把欧姆挡拨到（　　）。

　　A．$R×100Ω$ 或 $R×1 kΩ$ 挡　　　　　B．$R×1Ω$ 挡

　　C．$R×10 kΩ$ 挡

（4）二极管桥式整流电路，需要（　　）二极管。

　　A．2 只　　　　　B．4 只　　　　C．6 只　　　　　D．1/3 只

（5）隔离开关的主要作用是（　　）。

　　A．断开负荷电路　　　　　　　B．断开无负荷电路

　　C．断开短路电流

（6）室内吊灯高度一般不低于（　　）m，户外照明灯具不应低于（　　）m。

　　A．2　　　　　B．2.2　　　　C．2.5

　　D．3　　　　　E．3.5

（7）绑扎用的线应选用与导线相同金属的单股线，其直径不应小于（　　）。

　　A．1.5 mm　　　B．2 mm　　　　C．2.5mm

（8）直埋电缆与热力管道交叉时，应大于或等于最小允许距离，否则在接近或交叉点前 1m 范围内，要采用隔热层处理，使周围土壤的温升在（　　）以下。

　　A．5℃　　　　　B．10℃　　　　C．15℃

（9）在正常情况下，绝缘材料也会逐渐因（　　）而降低绝缘性能。

　　A．摩擦　　　　B．老化　　　　C．腐蚀

（10）电气设备未经验电，一律视为（　　）。

　　A．有电，不准用手触及

　　B．无电，可以用手触及

　　C．无危险电压

（11）旋转电动机着火时，应使用（　　）、（　　）、（　　）和（　　）等灭火。

　　A．喷雾水枪　　　　　　　　　B．二氧化碳灭火机

　　C．泡沫灭火机　　　　　　　　D．黄沙

　　E．干粉灭火机　　　　　　　　F．四氯化碳灭火机

　　G．二氟-氯-溴甲烷

（12）如果触电者心跳停止而呼吸尚存，应立即对其施行（　　）急救。

    A．仰卧压胸法   B．仰卧压背法

    C．胸外心脏按压法   D．口对口呼吸法

（13）电工操作前，必须检查工具、测量仪器、绝缘用具是否灵敏可靠，应（　　）失灵的测量仪表和绝缘不良的工具。

    A．禁止使用   B．谨慎使用   C．视工作急需，暂时使用

（14）如果线路上有人工作，停电作业时应在线路开关和刀闸操作手柄上悬挂（　　）的标志牌。

    A．止步，高压危险   B．禁止合闸，线路有人工作

    C．在此工作

4．名称解释

（1）三相交流电

（2）相序

（3）跨步电压

（4）接地线

（5）遮拦、标示牌

5．问答题

（1）对室内布线有哪些要求？

（2）对导线的连接有哪些基本要求？

（3）对接地装置的一般要求有哪些？

（4）采取哪些措施可以防止触电事故的发生？

（5）如何进行触电现场急救？

（6）发生电气火灾时如何扑救？

参 考 文 献

[1] 金国砥. 住宅水电操作实务. 北京：电子工业出版社，2005.

[2] 金国砥. 电工操作实务. 北京：电子工业出版社，2005.

[3] 金国砥. 维修电工与实训——初级篇. 北京：人民邮电出版社，2010.

[4] 金国砥. 电气照明施工与维护. 北京：科学出版社，2010.

[5] 金国砥. 维修电工. 杭州：浙江科技出版社，2007.

[6] 金国砥，朱丹非，等. 农村电工入门. 杭州：浙江科技出版社，2004.

[7] 俞磊. 居室装修600问. 杭州：浙江科技出版社，2003.

[8] 金国砥. 室内灯具安装入门. 杭州：浙江科技出版社，1997.